U0313278

SHESHI SHUCAI JICHENG JISHU SHOUCE

设施蔬菜集成技术手册

杨普社　杨晓红　王孝琴　主编

长江出版传媒

湖北人民出版社

图书在版编目(CIP)数据

设施蔬菜集成技术手册/杨普社,杨晓红,王孝琴主编.
武汉:湖北人民出版社,2015.4
ISBN 978 - 7 - 216 - 08518 - 2

Ⅰ. 设… Ⅱ.①杨… ②杨… ③王… Ⅲ. 蔬菜园艺—设施农业—技术手册
Ⅳ. S626 - 62

中国版本图书馆 CIP 数据核字(2015)第 040808 号

责任部门:文史古籍分社
责任编辑:卢　林
封面设计:张　栗
责任校对:范承勇
责任印制:王铁兵
法律顾问:王在刚

出版发行:湖北人民出版社　　　　**地址:**武汉市雄楚大道 268 号
印刷:武汉中远印务有限公司　　　**邮编:**430070
开本:889 毫米×1250 毫米 1/32　　**印张:**8.75
字数:218 千字　　　　　　　　　**插页:**3
版次:2015 年 4 月第 1 版　　　　　**印次:**2015 年 4 月第 1 次印刷
书号:ISBN 978 - 7 - 216 - 08518 - 2　**定价:**42.00 元

本社网址:http://www.hbpp.com.cn
本社旗舰店:http://hbrmcbs.tmall.com
读者服务部电话:027 - 87679656
投诉举报电话:027 - 87679757
(图书如出现印装质量问题,由本社负责调换)

《设施蔬菜集成技术手册》编委会

主　　编： 杨普社　杨晓红　王孝琴

副 主 编： 林处发　周国林　汪细桥　万　勇　祝　花

编写人员：（按姓氏笔画排序）

王　锐	王斌才	龙启炎	叶安华	司升云
朱伯华	朱林耀	杜　铮	杜凤珍	杨龙木
杨新华	李万里	李德超	吴仁峰	汪爱华
宋承琦	宋朝阳	张　凯	张丽华	陈　刚
陈旭辉	周　勇	姜正军	洪　娟	顾保新
徐长城	徐爱仙	龚　伟	彭　毅	雷红卫
廖　剑				

插　　图： 杨晓红　张　凯　杨龙木

前　言

　　集成了信息、电子、能源、建筑、材料、机械、生物、品种、栽培、养殖、管理等现代科学技术的设施农业是知识与技术高度密集的产业，是最具活力的现代农业形式，也是衡量一个国家和地区农业现代化进程的重要标志之一。因此，设施农业应成为发展现代农业的"火车头"，农业科技创新的先导区，农业转型发展的"增长极"。

　　蔬菜是武汉市农业的主导产业，在过去的30年间建设了3万亩高规格设施蔬菜，既有世界上最先进的荷兰连栋温室，也有最常用的单栋钢骨架大棚，主要用作工厂化育苗和春提早、夏遮阳、秋延后、冬覆盖栽培，形成了武汉市设施蔬菜栽培的主体形式。然而，随着当前资源紧缺、生态环境污染严重、农业从业者队伍日益萎缩、农民增收日益艰难、国内外市场竞争日趋激烈的严峻现实，我市设施蔬菜生产能力越来越不能保障"菜篮子"产品的有效供给，也与我国第四个现代都市农业国际试点示范城市的地位不符。为此，武汉市人民政府把发展7万亩设施蔬菜列入为2013年为民办理10件实事之一，力度之大前所未有，机遇之佳也前所未有。

　　为实现基地建设与农业增效、农民增收同步，全市组织蔬菜、种植、农机等行业一百多名科技人员分包7万亩设施蔬菜基地，按照"优质、高产、高效、生态、安全"的要求，开展科技服务，在历时近两年与生产区广大业主和科技示范户的实践碰撞中，以"抓铁有痕、踏石留印"的实干精神，及时解决了产业发展中的难题，并积累了丰富经验，汇编成《设施蔬菜集成技术手册》。

《设施蔬菜集成技术手册》一书，以发展现代都市农业为主线，紧紧围绕7万亩设施蔬菜基地提档升级，把最新的科技成果、科技工作者的试验示范和广大生产者在生产实践中检验的优良品种、配套技术、高效模式都集成融入书中。全书共分设施大棚、设施农机、土壤肥料、设施育苗、蔬菜品种、栽培模式、设施技术、绿色防控、防灾抗灾9个章节，基本涵盖了设施蔬菜生产关键技术和可能出现的主要问题，既是设施蔬菜广大从业人员的技术指导用书，也可作为蔬菜行业管理人员和农业技术人员的参考用书。

由于编者水平有限，加之时间仓促，难免有疏漏之处，敬请同行专家和广大读者不吝批评指正！

编　者

2015 年 1 月 30 日

contents / 目录

第一章　设施大棚

第二章　设施农机

第三章　土壤肥料

第四章　设施育苗

第五章　　蔬菜品种

第六章　栽培模式

第七章　设施技术

第八章　绿色防控

第九章　防灾抗灾

第一章　设施大棚

一、武汉设施大棚的类型与建设

（一）武汉设施大棚的类型

设施大棚是以透光覆盖材料作为全部或部分围护结构，用于抵御不良天气条件，保证作物能正常生长发育的设施总称。武汉市近年蔬菜基地建设多以钢架塑料大棚、连栋薄膜温室作为设施发展的主要类型。

1. 钢架塑料大棚

以钢材等材料为骨架（一般为拱形），以塑料薄膜为透光覆盖材料的单跨结构设施，称为钢架塑料大棚，如图 1。钢架塑料大棚跨度一般为 8 ～ 12 米，高度 2.8 ～ 3.2 米，长度 40 ～ 60 米；武汉市此次 7 万亩（1 亩 ≈ 667 平方米）设施蔬菜基地建设中以棚型代号 GP－C825 型号为主。其中："GP"表示钢管塑料大棚，"C"代表拱圆顶，"8"表示跨度 8 米，"25"表示拱杆外径 25 毫米。

图 1　钢架塑料大棚

2. 连栋薄膜温室

跨度 2 米及跨度 2 米以上，通过天沟连接起来，覆盖材料主要是透光塑料薄膜材料的温室称为连栋薄膜温室。武汉市7万亩设施蔬菜基地建设对连栋温室的建造也制定了相应规范，并主要用于蔬菜育苗与生产，如图2。

连栋温室在武汉地区的建造因气候的特殊性，一般要求配置外遮阴、内遮阳、顶部卷膜机构、湿帘风机、内环流风机等配套设施用于夏季降温；配置内保温、加温系统用于冬季、早春的生产。

一般采用温室的单元尺寸和总体尺寸来描述温室的结构尺寸特点。温室的单元尺寸参数主要包括跨度、开间、檐高、脊高等；温室的总体尺寸主要包括温室的长度、宽度、总高等。

图2　连栋薄膜温室

（二）设施大棚的建设

1. 选址

首先要挑选土壤比较肥沃、土层比较深厚、有机质含量高、适合种植各类蔬菜的地块进行设施建造，周围最好无遮阴物体，有较好的通风条件。但为了延长温室的使用寿命，最好不要建在风口处。

2. 规划布局

要确定温室、大棚的走向，一般采取东西延长建造。在规划布局中，要考虑温室之间的相互间隔距离，以免相互遮挡光线；同时，园区中的道路、排水沟渠要一并规划设计。无论是温室还是单栋大棚，进出要能充分满足机械通行。

2.1 大棚布局与单体尺寸

在该地区,大棚的朝向宜取南北走向,使大棚内各部位的采光比较均匀;单体大棚的长度宜在 40 米左右,跨度 8 米,每座大棚面积不大于 333 平方米。

2.2 温室尺寸与规模

一般来讲,温室规模越大,其室内气候稳定性越好,单位造价也相应降低,但总投资增大,管理难度增加,因此,对温室的适宜规模难做定论,只能根据种植要求、场地条件、投资等因素综合确定。但从满足温室通风的角度考虑,自然通风温室通风方向尺寸不宜大于 40 米,单体面积宜在 1000 ~ 3000 平方米;机械通风温室进排气口距离宜小于 60 米,单体面积宜在 3000 ~ 5000 平方米。

3. 材料选择

3.1 钢架大棚的材料选择

大棚骨架主要是由热浸镀锌钢管制成,是承受大棚自重和其他荷载的载体。主要有拱杆、纵向拉杆、斜拉撑、棚头立杆、棚门组合等。各种连接件将钢管构件连接成大棚骨架。连接件用碳素钢制造,主要有卡槽、管槽固定器、U 形卡、压顶簧、卡槽连接片、拱管接头、固定夹圈、地锚等。用于大棚的透光覆盖材料主要为 PE 塑料薄膜,遮光覆盖材料主要为遮阳网。

3.2 温室材料的选择

温室骨架主要是由不同规格的热浸镀锌方管、圆管制成,它支撑温室覆盖材料和一切安装在它上面的附属设备,是承受温室自重和其他荷载的载体。主要有主立柱、侧立柱、纵横梁、拱杆、纵向拉杆等。天沟也是温室的主要构件。和单栋大棚一样,各种连接件将钢管、天沟等构件连接成大棚骨架,透光覆盖材料主要为 PE 塑料薄膜。

二、单栋钢架大棚的建设技术规范

（一）单栋钢架大棚的组成

单栋钢架大棚一般由骨架、钢管构件、连接件和透光覆盖物四部分组成。

（二）单栋钢架大棚的结构参数（见表1—1）

表1—1　单栋塑料大棚结构参数

项目	GP－C625	GP－C825	GP－C832
跨度（米）	6	8	8
顶高（米）	2.5～2.8	3.0～3.2	3.0～3.2
肩高（米）	1.5～1.6	1.6～1.7	1.6～1.7
通风部位	肩下部	上肩部	上肩部
拱管材料（直径及钢管壁厚毫米）	25/1.5		32/1.8
拱间距（米）	0.7		
纵拉杆（道）	3（6米跨度），5（8米跨度）		
卡槽（道）	2～4	4	4
下卡槽高度（米）	两道卡槽高0.5～0.8，否则高0.8～1	0.5～0.8	0.5～0.8
上卡槽高度（米）	1.5	1.6	1.6
加固斜撑（根）	4	4	4
门	摇门	摇门或移门	摇门或移门
卷膜杆及卷膜器（套）	0～2	2	2
螺旋桩、地拉杆、活动立柱等	根据需要配置		
其他	纵拉杆钢管的管径和钢管壁厚度为25毫米和1.5毫米，超过大棚长度规定尺寸时，需在大棚中部增加十字斜撑。		

（三）单栋钢架大棚的材质要求

1. 管材：采用碳素结构钢 Q235 的 $\phi 25 \times 1.5$ 直缝电焊钢管，热浸镀锌防腐，耐腐蚀时间不少于 15 年，外壁表面应有完整的镀锌层，不得有漏镀、气泡，外表面应光洁，内壁表面不得有漏镀，钢管热浸镀锌后镀层厚度不小于 360 克／平方米，镀层质量应符合 GB/T 13912 的规定要求，管壁厚偏差为：上偏差＋22%，下偏差－5%，圆度偏差不应超过直径的公差范围。

2. 卡槽制作：卡槽的钢带宽度不小于 60 毫米，厚度不小于 0.6 毫米；卡槽表面热浸镀锌处理，镀锌层厚度不小于 180 克／平方米。

3. 连接件配件用碳素钢制造，表面应进行热浸镀锌处理，镀锌层厚度不小于 180 克／平方米，耐腐蚀时间不少于 10 年，配件的冲切边不应有明显的毛刺，表面不得有明显的压伤和划痕，配件的未注尺寸公差应符合 GB1804－2000 的要求。

4. 覆盖材料主要为 PE（聚乙烯）塑料薄膜，其厚度不小于 0.08 毫米。

（四）单栋钢架大棚的安装要求

1. 拱管安装

拱杆直接插入地下，插入深度应不小于 0.5 米，插入后将拱杆周围土壤夯实，且应在裙边覆土。达到抗风载不小于 20 米／秒（相当于 8 级风），抗雪载不小于 25 千克／平方米的要求（相当于 18 厘米厚度的积雪）。

2. 拉杆、斜拉撑、卡槽的安装

在大棚顶部安装下沉式纵向拉杆 1 道，跨度 8 米大棚两侧棚肩处各增设纵向拉杆 2 道；大棚两端斜拉撑各 2 根。跨度 6 米大棚卡槽 2 道，每边棚肩处各 1 道；跨度 8 米大棚卡槽 4 道，每边棚肩处 2 道，间距 40～50 厘米。所有零件在规定的安装部位应能卡紧。

3. 棚头、门的安装

大棚两端棚头各设置 6 根钢管立柱，按要求插入土中，并与地面垂直，立柱上端与拉杆或拱管铆接；加 4 道卡槽与钢管立柱固定。在南面棚头，将棚门装在门框内，门框应平整，开启方便，关闭严密。

4. 薄膜安装

大棚薄膜覆盖分顶膜和裙膜，通过卡槽卡簧绷紧、固定。下卡槽固定裙膜，裙膜另一端埋入土中；另跨度 8 米大棚上卡槽固定顶膜，两卡槽间顶膜可向上卷起通风，也可放下压入下卡槽密闭保温。覆膜后用专用压膜线在两拱管之间作固定，压膜线间距不大于 1.6 米，两端用地锚固定。

5. 连接件

大棚骨架的连接配件应采用专用扣件，必须满足使用强度要求，不得采取在钢管上钻孔用螺栓连接的方式。

（五）单栋钢架大棚安装的注意事项

大棚结构承受的荷载，应满足 GB 50009 的有关规定，相邻大棚之间，至少要留有 1.2 米的距离。大棚骨架安装后，整体结构应紧凑、整齐。各拱杆与地面的垂直度误差不大于 10 毫米，纵拉杆的直线度误差不大于 50 毫米，拱杆相对位置度误差不大于 20 毫米。塑料薄膜必须从纵横方向张紧拉平后固定于卡槽内。在设计风荷载作用下，薄膜不得从卡槽的任何位置脱出。侧卷膜的两端，至少要与固定膜有 0.3 米以上的重叠段．并必须设有限位和压膜机构。薄膜每 300 平方米允许有不超过 1 处 5 厘米以下的裂缝和划痕或 1 平方厘米以下的孔洞，必须用黏补胶带修补好。不得有任何漏风漏雨的缝隙存在。用于人员进出的门高度不低于 1.8 米，宽度不低于 1.2 米。供设备进出的门，高度应不低于 2.2 米。宽度应比所通过的最大设备的宽度大 0.4 米以上。大棚一般采用自然通风降温，使用卷膜机卷膜时，卷膜高度不小于 1.3 米。如有需要可在裙膜之内装一层 25 目的防虫网。

三、连栋薄膜温室建设技术规范

（一）连栋薄膜温室的规格

温室的跨度一般选择 6 米、8 米、10 米三种，特殊用途温室不受此限；温室开间尺寸规格为 3 米、4 米和 5 米三种，特殊用途温室不受此限；温室屋脊高度一般控制在 3.3 ～ 6.0 米范围内，特殊用途温室不受此限；坡度取 25°；温室的连跨数和开间数根据现场土地的宽度和长度来确定；当跨度为 6 米时，温室的下弦高度应不小于 1.8 米，当跨度为 7 ～ 8 米时，温室的下弦高度应不小于 2.4 米，当跨度为 9 ～ 10 米时，温室的下弦高度应不小于 3.0 米；拱杆间距 0.8 ～ 1 米。

（二）连栋薄膜温室的材质要求

1. 温室骨架结构的主要受力构件有主立柱、侧立柱、天沟、纵梁、横梁、拱杆和下弦杆等，均采用碳素结构钢 Q235，并热浸镀锌处理。圆管可用直缝电焊钢管，外径不得小于 25 毫米，壁厚不得小于 1.5 毫米。方管、矩形管制作立柱、各种梁，其厚度不得小于 2.5 毫米。

2. 天沟用材为热镀锌钢板，材料厚度大于 2.75 毫米，其各项要求应符合 GB/T2518 的相关规定，镀层厚度为 350 克 / 平方米。

3. 温室骨架的连接结构件应采用专用扣件、专用螺栓和标准螺栓。所有连接件的设计和选用必须满足使用强度要求。表面应进行热镀锌处理，其镀层质量应符合 GB/T5267.1 的规定。连接件多用碳素钢制造，其冲切边不应有明显的毛刺，表面不得有明显的压伤和划痕。板件与骨架构件的连接，允许使用符合 GB/T 845 的十字槽盘头自攻螺钉、符合 GB/T 5285 的六角头自攻螺钉。自攻螺钉的直径和间距要满足连接强度要求。也可以使用符合 GB/T 12615 的封闭型扁圆头抽芯铆钉，用拉铆枪连接。铆钉的规格和间距应与被连接件匹配，满足连接强度要求。

4. 温室的透光覆盖材料主要为 PE（聚乙烯）塑料薄膜，厚度不得小于 0.10 毫米。温室用塑料薄膜的使用寿命必须达到 3 年。薄膜纵向和横向抗拉强度均不得小于 20 兆帕，纵向撕裂强度不低于 5 克力 / 微米，横向撕裂强度不低于 8 克力 / 微米，纵向和横向伸长率应达到 5 倍以上。

（三）连栋薄膜温室的安装要求

1. 朝向及环境

温室的朝向宜取南北走向，使温室内各部位的采光比较均匀。若限于条件，必须取东西走向，应妥善布置室内走廊和栽培床，或适当采取局部人工补光措施，使作物栽培区得到足够的光照。温室坐落处要与其南侧（向阳方）的建筑物、树木之间留出足够的距离，以保证温室的采光。东西两侧也要注意障碍物的遮光，要求可比南侧放宽。温室北面要便于通风、安装和维修。

2. 温室规模

温室的平面尺寸除根据地理环境、生产规模、技术和管理要求以及能源、资金条件决定之外，就温室本身而言，考虑温室的通风换气、散热降温、物流运输等条件，自然通风温室，通风（跨度）方向的尺寸不宜大于 40 米，建筑面积宜在 1000 ~ 3000 平方米；机械通风温室，进排气口之间的距离宜不大于 60 米，建筑面积宜在 3000 ~ 5000 平方米。对于更大的温室，应采取有效的措施以保证温室的加热、通风降温和物流运输等方面的性能。

3. 骨架安装要求

温室骨架安装后，整体结构应紧凑、整齐。各立柱在纵横两个方向的垂直度误差不大于 10 毫米，横梁的直线度误差不大于 20 毫米，垂直吊杆相对位置度误差不大于 20 毫米。

在每个结构平面（例如侧墙、端墙、每排立柱和屋面等）内，为防止平行四边形变形，必须加装适当的斜支撑或拉索。

天沟接头部位的接缝和铆钉孔和螺钉孔均需涂密封胶，不得有滴漏现象。天沟的断面大小和安装坡度应根据当地降暴雨的强度和天沟的长度具体确定。

4. 门的安装要求

温室门应根据温室的高度及用途设计。专门用于操作人员进出的门，高度不低于 1.8 米，宽度不小于 1.2 米。设备进出门的高度一般不低于 2.2 米，宽度应比所通过的最大设备的宽度大 0.4 米以上。

5. 覆盖材料安装要求

塑料薄膜必须纵横方向张紧拉平后固定于卡槽内。在设计风荷载作用下薄膜不得从卡槽的任何位置脱出。覆盖薄膜允许有长度 5 厘米以下的裂缝和划痕或 1 平方厘米以下的孔洞，每 300 平方米表面积不得多于 1 处，必须用黏补胶带修补好，不得有任何漏风漏雨的缝隙存在。采用卷膜通风窗时，卷膜位于固定膜的外侧，两端各与固定膜有不小于 0.3 米的重叠，两端必须设限位和压膜机构，使卷膜轴与温室的固定部分要贴紧，防止扇动。

四、设施棚内微滴灌技术规范

大棚微灌系统图

温室自动喷灌系统图

（一）相关技术规范要求

微灌工程规划设计应符合 GB/T 50485－2009《微灌工程技术规范》的规定。微灌水质应符合 GB 5084－2005《农田灌溉水质标准》要求。灌溉水利用系数，滴灌不应低于 0.9，微喷灌不应低于 0.85。灌水器的流量偏差率不超过 20%。设计系统日工作小时数，应根据水源条件与农业技术条件确定，不应超过 22 小时。

（二）微灌系统的组成

首部枢纽：水泵机组、过滤器、施肥(药)装置、控制设备等。

管道：干管、支管、毛管、管件、阀门等。

灌水器：滴灌管(带)、滴头、喷头等。

（三）首部枢纽设备选择

1. 水泵机组

按灌水小区的流量和扬程及水源等相关要求选择水泵机组。

2. 过滤器

过滤器的类型及过水量应满足灌水小区的基本要求，能过滤掉大于灌水器流道尺寸 1/10 ～ 1/7 粒径的杂质。

3. 施肥(药)装置

施肥(药)装置可根据施肥(药)量、经济性与方便程度选用。

4. 控制设备

控制阀的止水性能好、耐腐蚀、操作灵活。

压力表的精度不应低于 1.5 级，量程应为系统设计压力的 1.3 ～ 1.5 倍。

（四）管道设备选择

能满足灌水小区的水压和流量要求。

管材　采用 PPR、PE、UPVC 均可。干管外径为 $\phi 50 \sim \phi 110$ 毫米。支管外径为 $\phi 25 \sim \phi 40$ 毫米。喷灌毛管为 $\phi 16 \sim \phi 25$ 毫

米的 PE 管，根据喷头数量和流量选取。

（五）灌水器设备选择

1. 滴灌管（带）的规格为 ϕ16 毫米，壁厚 0.4 ～ 0.8 毫米，滴孔间距 200 ～ 400 毫米。

2. 滴头应符合 GB/T 17187－1997《农业灌溉设备　滴头技术规范和试验方法》的要求，流量符合灌水小区的设计方案。

3. 喷头为 360° 旋转喷头，射程为 3 ～ 5 米，流量为 70 ～ 140 升/时，喷头间距 2 ～ 3 米；应达到零件齐全，连接牢固，喷嘴规格无误，流道通畅，转动灵活的要求。

（六）首部枢纽设备的安装要求

1. 水泵机组

水泵各紧固件无松动，泵轴转动灵活，无杂音，填料压盖或机械密封弹簧的松紧度适宜。

电动机的外壳应接地良好，配电盘配线和室内外线路应保持良好绝缘，电缆线的芯线不得裸露。

2. 过滤器

过滤装置应按输水流向标志安装。

自动冲洗式过滤装置的传感器等电气元件应按产品规定的接线图安装，并通电检查运转状况。

安装过滤器时应进行检查，并应符合下列要求：各部件齐全、紧固，阀门启闭灵活；开泵后排净空气检查过滤器，若有漏水现象应及时处理。

3. 施肥（药）装置

施肥（药）装置应安装在过滤器的上游并设置防回流装置。

施肥装置的进、出水管与灌溉管道的连接应牢固，不宜使用软管连接；必须使用软管时，不应拖拉、扭曲或打结。

清洗过滤器、施肥（药）装置的废水不得排入原水源中。

各部件连接牢固，承压部位密封，压力表灵敏，阀门启闭灵活，接口位置正确。

采用注射泵式施肥器，机泵安装应符合产品说明书要求，安装完毕经检查合格后通电试运行。

4. 控制设备

截止阀与逆止阀应按流向标志安装。

（七）管道设备的安装要求

1. 管道沟槽的开挖与回填应符合 GB 50268 的规定。

2. 塑料管道应符合下列规定。

干管和支管的埋深不小于 40 厘米。

塑料管道应在地面和地下温度接近时回填。

管周填土不应有直径大于 2.5 厘米的石子及直径大于 5 厘米的土块。

管道安装前，应对管材、管件外观进行检查，不得有裂缝，应清除管内杂物。

管道安装，宜先干管后支管。承插口管材，承口向上游，插口向下游，依次施工。管道中心线应平直，管底与槽底应贴合良好。

带有承插口的塑料管应按厂家要求连接。

塑料管连接，除接头外均应覆土 20 ～ 30 厘米。

出地竖管的底部和顶部应采取加固措施。管道穿越道路或其他建筑物时，应增设套管等加固措施。

3. 金属阀门与塑料管连接应符合下列规定。

阀门与直径大于 65 毫米的管道连接时宜采用金属法兰，法兰连接管外径应大于塑料管内径 2 ～ 3 毫米，长度不应小于 2 倍管径，一端加工成倒齿状，另一端牢固焊接在法兰一侧，将塑料管端加热后及时套在带倒齿的接头上，并用管箍上紧。

阀门安装于直径小于 65 毫米的管道可采用螺纹连接，并应装活接头。

直径大于 65 毫米以上的阀门应安装在底座上，底座高度宜为 10 ～ 15 厘米。

截止阀与逆止阀应按流向标志安装。

4. 连接件安装应符合下列规定

安装前应检查管件外形，清除管口飞边、毛刺，抽样量测插管内外径，符合质量要求。

塑料管件安装用力应均匀。

（八）灌水器设备的安装要求

1. 滴头安装应符合下列规定。

应选用直径小于滴头插头外径 0.5 毫米的打孔器在毛管上打孔；如厂家有配套打孔器，可用其打孔。

应按设计孔距在毛管上冲出圆孔，随即安装滴头，防止杂物混入孔内。

微管滴头应用锋利刀具裁剪，管端剪成斜面，按规定分组捆放。

微管插孔应与微管直径相适应，插入深度不宜超过毛管直径的 1/2。

2. 微喷头安装应符合下列规定。

喷头安装采用双倒钩、毛管、平衡器等配件，按种植需要分组，相邻两组喷头的行距应为 2 ～ 3 米，每组的第一个和最后一个喷头与大棚两端面的距离不大于 2 米。

微喷头直接安装在毛管上时，应将毛管拉直，两端紧固，按设计孔距打孔，将微喷头直插在毛管上。

用连接管安装微喷头时，应按设计规定打孔，连接管一端插入毛管，另一端引出地面后固定在插杆上，其上再安装微喷头。

插杆插入地下深度不应小于 15 厘米，插杆应垂直于地面。

微喷头安装距地面高度不宜小于 20 厘米。

3. 微喷带与出流小管安装应符合下列规定。

应按设计要求由上而下依次安装。

管端应剪平，不得有裂纹，并防止混进杂物。

连接前应清除杂物，将微喷带或出流小管套在旁通上，气温低时宜对管端预热。

（九）系统试运行

1. 微灌系统试运行应按设计的灌水小区进行。

2. 在设计工况下，应实测各灌水小区的流量，按 GB/T 50485《微灌工程技术规范》的规定计算。

3. 在设计工况下，实测各灌水小区的灌水器流量。所测的灌水器应分布在同一灌水小区干管上、中和下游的支管上，并处于支管的最大、最小压力毛管，且分布在以上每条毛管的上游、中游和下游。并应按 GB/T 50485－2009《微灌工程技术规范》公式（4.0.9－1）计算灌水均匀系数。

4. 灌水小区流量和灌水器流量的实测平均值与设计值的偏差不大于 15%，微灌系统的灌水均匀系数不小于 0.8。

（十）工程验收

1. 微灌工程验收前应提交下列文件

设计文件（设计方案、预算表、设计图纸）。

验收文件（竣工报告、决算表、竣工图纸、施工单位资质、产品合格证、产品检验报告、运行维护管理办法）。

2. 验收办法

审查文件

设计文件和验收文件必须齐全；在竣工报告与设计方案不一致

时，竣工报告须满足本规范的技术要求，并在竣工报告中单独说明更改设计的原因、更改内容详情及可行性论证。

审查设备及安装

实际设备的配备数量应与竣工方案一致，安装应符合本规范（六）～（八）的要求。

现场运行，实测相关技术参数

验收合格的工程应由验收小组出具验收报告，每个组员签字生效。

如有不合格项，验收小组要求施工单位在约定的时间内整改，整改合格即可通过验收。

第二章　设施农机

一、耕整机具

（一）大棚王拖拉机

1. 福田雷沃大棚王拖拉机

M354L－E 型			
		参数项	参数值
		最大牵引力（千牛）	5.4
		最大提升能力（千牛）	5.9
		长（毫米）	2995
		宽（毫米）	1220
		高（毫米）	1200
参数项	参数值	发动机功率（千瓦）	25.7
轴距（毫米）	1742/1775	动力输出轴（转/分）	540/760（选装 540/1000）
前轮轮距（毫米）	980		
后轮轮距（毫米）	980	挡位	8＋2

　　本机配 35 马力发动机，扭矩储备大，动力强劲，油耗低，可靠性高；车身小，轴距短，结构紧凑；采用下置式排气弯管，电瓶后置，整体外形缩小。操作轻便，作业效率高；可配套多种农机具；采用液压转向，操作灵活轻便。

2. 悍沃大棚王拖拉机

　　本机配 3T30 发动机、PTO 为 720 转/分、差速锁、液压转向、单作用离合器、后置三点 1 类悬挂、液压系统带有位调节、带前后配重、挡位数：前进 8 挡/倒退 2 挡、格拉默座椅。

404 型		
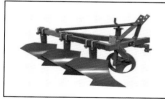	型号	HW404
	动力（马力）	40
	柴油机型	四缸、立式、水冷、四冲程柴油机
	驱动	四轮驱动
动力输出轴转速	540/1000 悬挂型	后置三点悬挂

（二）微耕机

黄鹤微耕机

采用 186FS 型风冷式柴油机（标定功率 6.3 千瓦）。发动机与底盘之间采用齿轮传动，配套有 105 厘米旱地旋耕器 1 副，C 型水田轮 1 对，400－8 行走轮 1 对，挡泥板 1 副。

1WG6.3 型		
	整机质量（千克）	110
	耕深（厘米）	15～30
	工作效率（亩/小时）	旋耕	1.8～3.6
		犁耕	0.8～1.2
	油耗（升/时）	≤0.83
	功率（千瓦）	6.3

（三）配套机具

主要有三铧犁、旋耕机、秸秆还田机等。

1. 三铧犁

本型号三铧犁根据大棚王的动力配套选择。

	耕宽（毫米）	360～2100
	耕深（毫米）	140～300
	生产率（公顷/小时）	0.14～0.98
	配套拖拉机动力（匹）	12～136

优点：灵活性高，可方便地调节犁铧的深浅和宽窄；适用性强，适用于不同硬度土壤的耕作；固定较好，耕作笔直、均匀，耕作质量好；轻便，动力需求小，便于在大棚内工作，而且加快了耕作速度，省油、省时。

2. 旋耕机

1GQN－150 旋耕机			
		配套动力（千瓦）	20.38
		工作幅宽（毫米）	1500
		传动方式	动力输出轴
		旋耕刀数量（把）	38
		旋耕刀排列方式	螺旋线
刀辊转速（转/分）	200～228	动力输出轴转速（转/分）	540、720
旋耕刀型式	IT225	挂接方式	三点悬挂

3. 秸秆还田机

蔬菜藤蔓、秸秆采用机械化还田一次完成多道工序，与人工作业相比，工效提高了 40～120 倍。

豪丰 4J－150 秸秆还田机			
技术参数	4J～150（B）型	工作效率（公顷/小时）	0.33～0.47
外形尺寸（厘米）	125×175×105		
配套动力（千瓦）	36.7～44.1	工作幅宽（厘米）	150

（四）小型田园管理机

主要包括：开沟、起垄、覆膜、培土机。

1.3ZZ－5.9－800 多功能田园管理机

本机型采用 5.9 千瓦发动机为动力，具备旋耕、开沟、起垄、覆膜多种功能为一体，可根据需要进行部件组装；适用于茄果类、瓜豆类、甘蓝类蔬菜及草莓、山药等起垄，可以起圆垄和方垄。

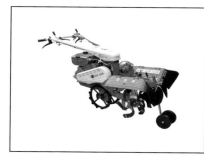

工作模式	性能	参数
旋耕	幅宽（厘米）	62
	深度（厘米）	5 ～ 12
开沟	宽度（厘米）	22，30，50
	深度（厘米）	5 ～ 20
起垄	宽度（厘米）	50 ～ 80
	高度（厘米）	20 ～ 30

2.3TG－4.2Q 开沟培土机

主要用于：西兰花、茄子、辣椒、甘蓝、西红柿等蔬菜种植培土，同时可用于茶园、葡萄园、柑橘等挖沟施肥作业比传统作业的效率提高了 10 倍以上；此系列小型开沟培土机结构紧凑，小巧灵活，结实耐用，操作方便。可以施肥、播种、旋耕、开沟、培垄。在小块土地、大棚、茶园等地作业，不留死角，机身灵活，360 度旋转，操作简单。

外形尺寸： （长 × 宽 × 高，毫米）	100 ～ 130
耕宽（毫米）	240 ～ 650
耕宽（毫米）	100 ～ 150
发动机功率（千瓦/转）	6.5/1800
变速	1 前进挡，1 倒挡
最大扭矩	32（牛米）/1250 转

3. 大棚开沟机

本机型开沟机采用低地隙的轮式拖拉机为动力，用于设施大棚蔬菜等作物种植的土地开沟作畦，具有传动效率高、开沟深、沟形齐、速度快、效率高等特点。整机结构简单，操作和维护方便。

1K—30—20 型		
	配套动力（马力）	25～35
	沟深（厘米）	26
	沟底宽（厘米）	10～12（矩形） 20～26（梯形）
	生产率（亩/小时）	1000～2150
	整机质量（千克）	210
	外形尺寸（厘米）	109×125×116

4. 大棚起垄机

本机型开沟机采用低地隙的轮式拖拉机为动力，其性能特点是一次作业可完成旋耕、起垄、深松和施肥一项或多项功能。适合在设施中栽培蔬菜的耕整地作业，能够满足大面积整地的需要。

GVF—140 型		
	作业幅宽（厘米）	100～130
	旋耕深度（厘米）	＞2
	深松深度（厘米）	18～30
	起垄高度（厘米）	20～30
	起垄数量	1垄/2垄
	施肥量（千克/亩）	＞30

二、播种育苗移栽机具

（一）动力播种机

1.2BS—JT10 小粒种子播种机

外形尺寸：1050 毫米×1025 毫米×860 毫米；作业效率：3～5

亩/小时；汽油机型号：Kawasaki FE 120G；空气过滤器（湿式）类型：
立式冷风四冲程单缸发动机；功率：4.0 匹/1800 转；重量：98 千克。

2BS－JT10 型		
	播种行数（行）	10
	汽油机功率（千瓦）	2.94
	种子容器容量（毫升）	800
	行（株）距（厘米）	可调（株距最小 2.5 厘米）
	播种深度（毫米）	0 ~ 70
	工作幅宽（毫米）	830
	适用范围	绿叶蔬菜的精密播种

2. 蔬菜播种机 SYV 系列

本播种机使用电力辅助方式，采用马达驱动，不仅播种精度高，使播种作业非常省力、环保。通过更换滚轮，实现各类蔬菜种子的播种。

SYV－M600W 型		
	行数	13
	行距（厘米）	4.9
	漏斗容量	2L×13
	重量（千克）	45
	尺寸（毫米）	1280×700×770
	效率	最大约 4 亩/小时
排种器	形式	外槽轮式
	数量	13 个

（二）人力播种机

SYV-3 型手推播种机		
全长 × 全宽 × 全高（毫米）		1300×400×800
行距（毫米）		60～100
镇压轮宽度（毫米）		250
开沟幅（毫米）		30
排种方式	槽轮交换式	点播间隔	11 段单触链轮齿轮交换式
驱动方式	驱动轮带动链条式	适用种子	白菜、萝卜、胡萝卜、菠菜、小葱、包衣种子等

（三）动力移栽机

PVHR2-E18 型钵苗移栽机		
外形尺寸：（长 × 宽 × 高，毫米）		2050×1500×1600
发动机功率		1.5 千瓦（2.1 马力）/1700 转
整机重量（千克）		240
变速		4 前进挡，1 倒挡
轮距（毫米）	1150～1350	插植行数（行）	2
行距	300～400 400～500	株距（毫米）	300、320、350、400、430、480、500、540、600
适应垄高度（毫米）	100～330	作业效率（棵/小时）	3600
主要用途	西兰花、茄子、辣椒、甘蓝、西红柿、莴苣等蔬菜苗及油菜、棉花苗的移植		

本机型单趟行驶每次工作插植 2 行，每小时 3600 株，可适应合作社和大规模用户的多种目的栽培需求。插植过程中，可以根据种植作物需求调节行距，可适应各种各样种植作物的栽培体系。

三、其他

田间小气候自动观测仪

田间小气候自动观测仪，又名田间气象站，具有高性能微处理CPU，大容量数据存储器，参数可灵活组合，能够采集环境各个参数。用于对设施内温度、相对湿度、光照强度、土壤温度、土壤湿度、蒸发量、日照辐射等十多个气象要素进行全天候现场监测。提高了观测效率，减轻了观测人员的劳动强度。该系统具有性能稳定，检测精度高，无人值守，抗干扰能力强，软件功能丰富，便于携带，适应性强等方面特点。气象数据记录仪具有气象数据采集、气象数据定时存储、参数设定、友好的软件人机界面和标准通讯功能。可以通过专业配套的数据采集通讯线与计算机进行连接，将数据传输到气象计算机气象数据库中，用于统计分析和处理。

JLC-QTJ 型自动观测仪

LPQA 型自动观测仪

田间小气候自动观测仪工作原理图

第三章 土壤肥料

武汉市设施蔬菜基地主要分布于江夏、东西湖、黄陂、新洲、汉南、蔡甸6个新城区。

一、设施菜地主要土壤类型及存在的问题

（一）江夏区主要土壤类型及存在的问题

1.江夏区主要土壤类型

江夏区属江汉平原向鄂南丘陵过渡地段，地形特征是中部高，西靠长江，东向湖区缓斜，北部为丘陵地形，呈东西向带状，横亘于网状平原和冲积平原之间，东部和西部为滨湖滨江平原，中部和北部有成片海拔150米左右的冈丘。东、北、西南三面临湖，境内湖泊、湖汊136处，主要湖泊有梁子湖、牛山湖、斧头湖、鲁湖、后湖、上涉湖、汤逊湖等，水域面积占区域总面积的28.3%。有大小山体114座，其中，海拔在100米以上的有52座，海拔272.3米的八分山是区境的自然地貌最高点。

地貌按成因类型可分为三大类。堆积地形的主要表现形式是冲积平原，主要分布于区境的沿江沿湖地区。剥蚀堆积地形的主要表现形式是冈状平原，主要分布于区境中部，即长江三级阶地，高程为30～40米，高差为15～25米，坡度6～7米，构造剥蚀地形的主要表现形式是丘陵，分布于纸坊、金口、乌龙泉、凤凰山、黄龙山等地，质地由古生界页岩、石英砂岩、硅质岩、灰岩等组成，高程为100～272米，呈东西向长条状分布。

本区属中亚热带过渡的湿润季风气候。年平均气温介于15.9℃～17.9℃之间，历年平均值为16.8℃。年总降水量889.2～1862.6毫

米，历年平均降水量为 1347.7 毫米。日照时数为 1450 ～ 2050 小时。温暖湿润、四季鲜明，亚热带大陆季风气候特征十分明显。但不同年型的光、热、水年季分布振幅较大，常形成旱涝灾害、低温、阴雨寡照，对工农业生产造成一定危害。

根据第二次土壤普查结果，全区共分 6 个土类，12 个亚类，38 个土属，190 多个土种。

1.1 水稻土

水稻土是江夏区的主要耕地土壤，占全区耕地面积的 59.7%。由于水稻土所处的水位条件不同，水耕熟化程度不一，在土壤分类时按土壤受地表水和地下水影响的大小，划分为淹育型、潴育型、侧渗型、潜育型、沼泽型 5 个亚类。

1.2 潮土

潮土主要分布在河流冲积平原和丘陵，母质为河流冲积物、湖积物，是江夏区主要旱作土，主要种植棉花、蔬菜等。该土壤土层深厚，在同一剖面中常有不同的质地层次，不同质地层次对土壤的通气透水性能和土壤养分转化有很大影响。由于地下水位的影响和耕作熟化程度的不同，土体构型为 A ～ C 或 A ～ B ～ C。潮土土类根据有无石灰反应划为潮土（50 厘米内无石灰反应），灰潮土（50 厘米内有石灰反应）两个亚类。

1.3 黄棕壤

黄棕壤是江夏区的两大地带性土类之一，是红黄壤向棕壤、褐土过渡的土类，在发生学和分布上表现出明显的南北过渡性，发育于第四纪黏土母质上的黄棕壤，在表层下有一紧实而黏重的呈棱柱状结构的黄棕色淀积层。该土属仅 1 个亚类 1 个土属，主要分布在区境北部，以豹澥、流芳、大桥居多，总面积 6516.8 公顷，占耕地面积的 5.24%；林地 216.1 公顷，占荒地面积的 0.98%。

1.4 红壤

红壤是江夏区的主要地带性土壤，共有面积 56045.1 公顷，其中耕地 34228.4 公顷，林地 20483.3 公顷，广泛分布在全区包括区直场所在内的 31 个农业单位高垅岗的岗顶、岗面、岗坡及低丘上，它是本地特定生物气候条件的产物。受其形成过程的影响，土壤中脱硅富铝化作用明显，以颜色红化为其形成的外部特征，一般为红色或棕红色，水化度较高的亦成黄棕色，土壤黏性大，pH 值的变幅在 4.5～6.0 之间。该土类划分为 2 个亚类，6 个土属，23 个土种。

1.5 石灰土

石灰岩土土类在江夏区共有面积 273.0 公顷，多为侵蚀孤丘，零星分布在宁巷、金口街、法泗等乡镇，无明显分布规律，成土母质为石灰岩，该土类仅棕色石灰土 1 个亚类。

1.6 紫色土

该土类发育于紫色砂页岩，共有面积 76.9 公顷，其中耕地 14.8 公顷，林地 62.1 公顷，按其 pH 值的差别，可分为酸性紫色土和灰紫色土 2 个亚类，这类土壤的发育度较低，具有明显的母质特性。

2. 江夏区菜田土壤存在的问题

2.1 土壤盐渍化严重

盐渍化的内在因素是由于土壤与地下水中含有盐分，一定的气候、地貌、地下水位、土壤质地以及排灌设施、耕作措施等因素是其形成的外部条件。土壤盐渍化形成的主要机理有两条：其一，因地势低洼易使水盐汇集；其二，可溶性盐含量大，潜水位高。在土壤盐渍化过程中，土壤质地决定了土壤水毛细上升作用，是土壤盐渍化最为重要的预测因子，一般来说土壤质地越细越容易导致土壤盐渍化的发生，土壤质地越黏重其淋滤性越差。地貌因素（土地类型）至关重要，地形的高低起伏，影响地面、地下径流的运动，土壤中的水分和盐分也就随之发生分异和积累，其盐分组成及离子比例、积盐、脱盐过程就会存在差异。

对于全年性覆盖的玻璃温室和塑料温室，土壤终年处于积盐过程，次生盐化发生早且盐害严重。根据研究表明，玻璃和塑料温室耕层土壤（0～25 厘米）盐分分别为露地的 11.8 倍和 4.0 倍；硝酸根含量则更高，分别为露地的 16.5 倍和 5.9 倍，一般种植 2～3 年即出现盐害。硝酸根是温室土壤盐渍化过程中增加最多的组分，其含量与盐分含量呈正相关，这是因为氮肥施用过多所造成。表明硝酸根的积累是引起土壤次生盐化的原因之一，也是造成设施蔬菜生理障碍的主要土壤因子。此外设施土壤缺乏排水洗盐条件，硝酸盐积聚迅速，通常 3～5 年后严重影响蔬菜产量和品质。对于塑料大棚和日光温室等季节性揭棚设施，土壤受到雨水淋洗，积盐程度比全年性覆盖的设施轻。随着大棚使用年限的延长，耕层（0～20 厘米）土壤的全盐含量在不断增加，表层聚积趋势明显，如不同棚龄大棚 0～20 厘米土层的可溶性盐分离子的含量，露地（10 年老菜地）与 3年、6 年、10 年大棚分别为 1.04 克/千克与 2.27 克/千克、2.67 克/千克、3.32 克/千克。土壤盐类累积，会造成土壤溶液浓度增加，使土壤渗透势加大，作物根系的吸水吸肥能力减弱，植物生长发育不良。土壤溶液盐浓度过高，还会造成元素之间的拮抗作用，进而影响到作物对某些元素的吸收。

2.2 土壤微生物与土壤酶失衡

土壤微生物是土壤中活的有机体，是最活跃的土壤肥力因子之一。土壤微生物区系组成和数量变化，对土壤中植物养分的转化和吸收以及各种土传性病虫害的发生都有很大关系。设施土壤微生物主要由细菌、放线菌、真菌 3 大类别组成。然而大棚栽培是一种受人为作用影响十分强烈的土地利用方式，人为干扰不仅改变了作物生长的小气候环境，而且随着种植年限的增加，出现了许多问题，这些问题都与土壤中微生物区系的变化有着密切的关系。

采用大棚栽培后，土壤中 3 大菌类的相对数量没有发生变化，仍是细菌最多，放线菌次之，真菌最少。但不同菌类在棚内外土壤中的绝对数量发生了较大变化。放线菌在棚内外变化不大，细菌、真菌数量是棚内土壤高于露地。其中土壤细菌与真菌数量的比值（B/F）是露地土壤高于大棚土壤，且随大棚种植年限的延长而降低，B/F 的降低可能是大棚设施土壤土传病害增加的原因之一。

土壤酶是由生物体产生的、具有高度催化作用的一类蛋白质。它在接近常温、常压和中等酸度的条件下，大大加速生物化学反应的速度，并且具有突出的专一性。过氧化氢酶、脲酶、磷酸酶与有机质含量达到了极显著相关，说明土壤有机质对土壤酶活性起到了重要的作用。其中，脲酶与有机质呈负相关，其主要原因是由于大棚土壤中的有机质，大多是未腐熟的人畜粪尿转化而成的，其中大量尿酸抑制了脲酶的活性。由于设施土壤随种植年限的增加，pH 值有下降的趋势，酸性磷酸酶有增加的趋向。杨志新等研究表明，Cd、Zn 对脲酶、过氧化氢酶、碱性磷酸酶、转化酶 4 种酶活性表现为抑制作用，而 Pb 对其表现为激活作用。而设施土壤中由于磷肥的大量施用，土壤中重金属有增加的趋势，对土壤酶的活性产生了一定的影响。

2.3 土壤酸化严重

与露地土壤相比，设施土壤有高温、高湿、高蒸发、高复种指数、无雨水淋洗及肥料施用量大等特点。高温、高湿的条件使有机质分解得更快，产生更多的有机酸和腐殖酸。在高复种指数条件下，为了保证作物的质量和产量，偏施或过量施用化肥就成为设施土壤酸化的另一个原因。当然，高蒸发和无雨水淋洗使设施土壤养分易于在土壤表层积累，造成设施土壤表层酸化更严重。由于不同阴离子与可变电荷土壤表面反应机理不同，硫酸根可以与土壤表面发生配位吸附，释放出羟基，而硝酸根则不能，因此，在加入等量硫酸和硝酸的情况下，硝酸更容易使土壤酸化。设施土壤阴离子主要有 NO_3^-、SO_4^{2-}、HCO_3^-、Cl^- 等，其中过量施用化肥和偏施氮肥是设施土壤酸化的主要原因之一。

（二）东西湖区主要土壤类型及存在的问题

1. 东西湖区主要土壤类型

东西湖区地貌属岗边湖积平原，四周高、中间低，宛如碟状，自西向东倾斜。由地形与地势变化及成土母质差别，可分为四种地貌类型。西南部与汉江呈平行带状分布者为高亢冲积平原，地面高程一般在 24.0～21.5 米，以 1/1500～1/2000 沿江堤向腹心逐渐倾斜，地势平坦开阔，占全区总面积的 34.7%；东北部为垅岗平原，地面高程在 21.5～26.0 米，地势起伏不大，相对高差 1～5 米，占全区总面积的 37.4%；北部为低丘陵，地面高程 60.0～69.1 米，占全区总面积的 1%；中部为湖积平原，界于冲积平原与垅岗平原之间，地面高程在 21.5～18.0 米之间，地势开阔平缓，占全区总面积的 26.9%。

东西湖区土壤共分 3 个土类，8 个亚类，16 个土种。其中潮土土类 10880 公顷，占总面积的 35%，主要分布在西南部高亢冲积平原；黄棕壤土类 1133 公顷，占耕地总面积的 4%，主要分布在低丘陵区及东北部垅岗平原；水稻土土类 19033 公顷，占耕地总面积的 61%，主要分布在中部湖积平原及东北部垅岗平原。

2. 东西湖区菜田土壤存在的问题

2.1 土壤板结

土壤板结是指土壤表层在降雨或灌水等外因作用下结构破坏、土料分散，而干燥后受内聚力作用的现象。

设施菜地特殊的保温性能，使土壤温度及湿度较大，有机质矿化率高，加之大量集中施用化肥，不注重施用有机肥，有机质损失严重，而且浇水不合理，土壤的团粒结构破坏致使土壤保水、保肥能力及通透性降低，需氧性的微生物活性下降，土壤熟化慢，造成土壤板结加重。其主要危害是造成根系下扎困难，即使根系能下扎下去，也会因土壤含氧量过低，出现沤根现象。

2.2 微量元素分布不均

该区有效钼含量较高，但因土壤 pH 值较高，施钼仍有很好的经济效益。灰潮土类型的许多土壤有效钼含量较低，但因土壤 pH 值较高，缺钼问题并不严重。汉江冲积物发育的灰潮土菜地有效硼含量较低，是施硼的重点地区。该区大部分田块缺锌，是施锌的重点地区。土壤有效铜含量丰富，除少数外基本没有必要施用铜肥。

（三）黄陂区主要土壤类型及存在的问题

1. 黄陂区主要土壤类型

黄陂区地形特点是西北高、东南低、地势由北向东南倾斜，分为四个明显的阶梯，即海拔 150 米以上，50～100 米，30～50 米，30 米以下左右四个层次。全区水系的流向，母质的搬运和堆积，也呈相应有规律的分布，母岩由北到南，分别以花岗岩，石英云母片岩，第四纪黏土及近代河湖相冲积物等为主。面基性岩和红色砂岩，呈零星和局部分布；加之北部低山区，海拔程在 150 米以上，部分低山在 500～800 米之间。

黄陂区的成土母质与地貌类似，不同地带的分布差异较大。北部成土母质以母岩、花岗岩、片麻岩为主，中部成土母质主要是石英云母片岩、第四纪黏土沉积物，间或分布红砂岩和玄武岩，南部主要是河湖相沉积物，成土母质的多样性和地带性分布特征，形成了黄陂区自南向北规律分布的各种土壤类型。全区土壤共分为黄棕壤、潮土、水稻土、石灰（岩）土等 4 个土类，9 个亚类，26 个土属，88 个土种。

1.1 黄棕壤

黄棕壤是黄陂区主要土类，成土母质有第四纪黏土沉积物和花岗岩、片岩、基性岩、红色砂岩等，面积 19415 公顷，占全区旱地面积的 22.37%，全区耕地面积的 4.1%。其中旱地 2163 公顷，土层深厚，质地因母质而异，有明显的淋溶淀积特点。黄棕壤土类下分 1 个亚类，4 个土属，18 个土种。

1.2 潮土

潮土类壤在黄陂区主要发育于石灰性和无石灰性的湖相沉积物及河流冲积物，面积 1812.32 公顷。其中旱地 275.07 公顷，占总耕地面积的 0.52%，占旱地面积的 2.84%；主要分布于南部湖区、河流两岸上长江边。潮土土层较深厚，剖面层次分明，是该区主要的旱地土壤之一，潮土土类分两个亚类即潮土和灰潮土亚类，下分 4 个土属，18 个土种。

1.3 水稻土

水稻土是黄陂区的主要耕地土壤，面积 31421.95 公顷，占总耕地面积的 59.68%。山区、丘陵、平原、湖区均有分布，在长期的水耕条件下，由于反复的氧化还原交替及淋溶淀积作用，形成了独特的剖面构型，由于水文地质条件不同水耕熟化程度不一，按水型划分为 5 个亚类，即淹育型、潴育型、潜育型、沼泽型、侧渗型。

1.4 石灰（岩）土

石灰土土类，由石灰岩母质发育而成，土壤质地黏重，因多为阔叶灌木林地，表层有机质积累较多，色暗。下层常有铁、锰淀积物。石灰土土类下一个棕色石灰土亚类，一个土属两个土种。

2. 黄陂区菜田土壤存在的问题

随着种植业结构的调整，耕作制度的改变，农业投入化学品的大量使用，该区土壤结构和养分发生了剧烈的变化，根据 2013 年对黄陂区 7 万亩蔬菜大棚进行取土、化验，检测结果表明，黄陂区目前土壤存在以下问题：

2.1 土壤地力不均，磷钾含量过量和不足现象并存

黄陂区有大量的蔬菜种植基地，菜农在蔬菜种植过程中受到"增施磷肥有增产大"及"重施钾肥才能高产优质"的思想的影响，自然在蔬菜种植中比较重视磷钾肥的施用，年年重施磷钾肥，经过多年的积累，设施菜地中有效磷钾的含量大部分都已偏高。尤其前些年菜农施肥时偏爱磷酸二铵，故多年施用以致土壤中磷含量达到了极为丰富的水平。例如：武湖蔬菜基地土壤中有效磷含量高达几百毫克/千克，是一般耕地土壤的几倍至十几倍。李集、六指和前川等地，蔬菜保护地的复种指数较高，收获的蔬菜和果实带走土壤中大量的养分，再加上一些落后的施肥方式，致使土壤中氮和磷的含量偏低，严重影响了蔬菜的产量和品质。因此，建议在控制土壤钾含量不降低的情况下，增加土壤中氮和磷的含量，将有助于农业生产值的提高。

2.2 土壤土传病害十分突出

因该区多为设施菜地，在设施栽培条件下，由于种植品种单一，作物连作后，根系自毒产物增多，抵抗力下降，重茬现象普遍。设施蔬菜种植多年重茬会造成土壤中营养元素平衡被破坏，导致土壤性能变化，寄生虫卵、病原在土壤中越积越多，使得枯萎病、青枯病、茎基腐病、根腐病、根结线虫等土传病害逐年加重，蔬菜产量降低。大棚连作的黄瓜、番茄上，根结线虫的发生和危害相当严重，虫口密度可达 1 克土中含 300 条。

（四）新洲区主要土壤类型及存在的问题

1. 新洲区主要土壤类型

新洲区耕地面积 48415.5 公顷，其中：旱地 19782.8 公顷，水田 28632.7 公顷；未利用土地 5654.2 公顷，占土地总面积的 3.86%。

本区土壤共分 4 个土类，11 个亚类，35 个土属，235 个土种。分别为黄棕壤 31898.8 公顷，潮土土类 25675.3 公顷，紫色土类 170.0 公顷，水稻土 43272 公顷。

2. 新洲区菜田土壤存在的问题

2.1 有机物含量出现两个极端

一方面大部分农田土壤由于有机肥料的补充不足或根本得不到补充，有机物含量逐年下降；另一方面少部分保护地土壤由于有机肥料补充过量，土壤有机物质含量严重超出了适宜范围，其表现最为明显的就是土壤中植物病源菌数量大大增加，并由此造成化学农药的使用量逐年增加，农作物果实的农药残留量增加。

2.2 板结和老化现象日趋严重

由于土壤中有机物质含量的下降和老化，土壤耕作和管理的不合理，施肥种类的单一。目前农田土壤的板结现象和"越种越残"现象普遍出现，致使土壤的生产力下降和施肥管理成本逐年加大。

2.3 农药肥料污染现象日趋加重

由于土壤在利用管理中的不注意，特别是施肥和使用农药存在的盲目性，农田土壤已经出现了严重的污染现象，土壤中有毒有害物质含量明显积累，致使植物出现污染，农产品果实中某些有毒有害物质含量超标。

（五）汉南区主要土壤类型及存在的问题

1. 汉南区主要土壤类型

汉南区土地资源丰富，土地总面积 28707.6 公顷，耕地 10646.5 公顷，占土地总面积的 37.09%（旱地 7823.6 公顷，占耕地总面积的 73.49%），水田 2822.9 公顷，养殖水面 2103.1 公顷，果用瓜面积 1543.9 公顷，果园 465.1 公顷，林地 1178.0 公顷。

本区地质为疏松沉积物，厚度在 80 米左右，疏松沉积物具有二元结构的特征。自然地貌呈东南高、西北低、沿河高、腹部低的特征。东北局部丘岗星罗棋布，小湖交错，港汊纵横；东南部、南部及西部为江河冲积平原，以及由湖泊淤积而成的宽阔平原，地势平坦，其高程在海拔 20.7～26.0 米之间，一般在 22.5 米左右。冲积平原区、淤积平原区和低垄岗区的面积分别占全区总面积的 61.2%、19% 和 19.8%。

本区的土壤质地多样，沙、黏、壤质兼有，但以沙质、壤—沙质、沙—壤质土壤居多，纯沙质土壤和纯黏质土壤极少。土壤酸碱度范围为微酸性、微碱性范围，pH 值在 5.5～8.5 之间。黄棕壤呈弱酸性（中性），湖土中的灰潮土有明显的石灰反应，pH 值在 7.5 以上。湿潮土无石灰反应，土壤中性，pH 值在 7.0～7.5 之间。土壤有机质含量，老耕地、沙质土壤约为 0.5%～1.5%，新垦的湖区土地一般在 2% 以上，水田的有机质含量普遍高于旱地。

主要有 3 个土类，7 个亚类，10 个土属，38 个土种。其中以正土、油沙土、次油沙土、壳土、湖板土、乌枚子田、正土田居多。正土主要分布在东城垸农场、乌金农场、邓南街、纱帽街。油砂土主要分布在邓南街、纱帽街、东城垸农场、乌金农场。次油沙土主要分布在邓南街、纱帽街。壳土主要分布在乌金农场、东城垸农场、纱帽街。湖板土主要分布在汉南农场、银莲湖农场、东城垸农场。乌枚子田主要分布在乌金农场、东城垸农场。正土田主要分布在汉南农场、乌金农场、邓南街、东城垸农场。

2. 汉南区菜田土壤存在的问题

该区大部分耕地土壤呈中性偏碱，pH 值在 7.0～7.5 之间的中性土壤占总面积的 43.6%。汉南区耕地土壤有机质总体水平中等偏上，该区耕地土壤总体上磷供应不足，地块之间磷含量差异大；钾水平中等偏高，地块之间变异较小；有机质含量比较丰富，地块之间差异也较小；大部分土壤仍然呈微碱性，少量呈强碱性。磷素匮乏和土壤 pH 值偏高一直是限制该区农业发展的重要障碍因子。该地区沙质土壤较多，pH 值偏高，这些土壤的保肥供肥能力较差，容易导致多种元素的固定和损失。另外，该区蔬菜保护地的复种指数较高，收获的蔬菜和果实带走土壤中大量的养分，再加一些新流转过来的农用耕地，表层的肥沃土壤被平移或填埋，致使土壤中氮和磷的含量不均，严重影响了作物的产量和品质。

大约 72% 的菜农对于微量元素对蔬菜生产作用的认知缺乏，加之许多复合肥包装上标有含微量元素，致使菜农施了复合肥后不注重施用微量元素肥料，经过长年的反复利用，致使设施土壤中微量元素缺乏。经过对该区的设施土壤进行取样测定，硼含量在 0.25 ～ 0.50 毫克/千克之间属于严重缺乏。

（六）蔡甸区主要土壤类型及存在的问题

1. 蔡甸区主要土壤类型

蔡甸区位于武汉市西郊，地跨东经 113° 41′ ～ 114° 13′，北纬 30° 15′ ～ 30° 41′。境内地势由中部向南北逐减降低。中部均为丘陵岗地，坡度较缓，最高处九真山海拔 263.4 米。全境地貌是以垄岗为主体的丘陵性湖沼平原。气候属北、中亚热带过渡性季风气候，具有热风、水富、光足的气候特征。年均无霜期为 253 天，平均降水量在 1100 ～ 1450 毫米左右，平均气温为 16.5℃。

根据第二次土壤普查结果，全区共分 5 个土类，10 个亚类，14 个土属，52 个土种。

1.1 水稻土

水稻土是蔡甸区的主要耕地土壤。由于水稻土所处的水位条件不同，水耕熟化程度不一，在土壤分类时按土壤受地表水和地下水影响的大小，划分为淹育型、潴育型、侧渗型、潜育型、沼泽型 5 个亚类。

1.2 潮土

潮土主要分布在河流冲积平原和丘陵，母质为河流冲积物、湖积物，是蔡甸区主要旱作土，主要种植棉花、玉米、蔬菜瓜果等。该土壤土层深厚，在同一剖面中常有不同的质地层次，不同质地层次对土壤的通气透水性能和土壤养分转化有很大影响。由于地下水位的影响和耕作熟化程度的不同，土体构型为 A ～ C 或 A ～ B ～ C。

1.3 黄棕壤

黄棕壤仅 1 个亚类，1 个土属，6 个土种，主要分布在新农、柏林、索河、李集、大集、永安，奓山、黄陵、沌口，军山、桐湖以及侏儒的北半部，海拔高度 50 ～ 80 米。成土母质大部分为第四纪黏土。

1.4 红壤

红壤是蔡甸区的主要地带性土壤，广泛分布在该区高垅岗的岗顶、岗面、岗坡及低丘上，它是本地特定生物气候条件的产物。受其形成过程的影响，土壤中脱硅富铝化作用明显，以颜色红化为其形成的外部特征，一般为红色或棕红色，水化度较高的亦成黄棕色，土壤黏性大，pH 值的变幅在 4.5 ～ 6.0 之间。该土类划分为 1 个亚类，1 个土属，3 个土种。

1.5 草甸土

本土有两个亚类，分布于洪南湖荒地带，发育江河近代（Q4）冲击物。伴有常年性积水，如沉湖湿地等就属于此类。

2. 蔡甸区菜田土壤存在的问题

该区设施栽培面积较广，导致土壤酸化面积较大，与露地土壤相比，设施土壤有高温、高湿、高蒸发、高复种指数、无雨水淋洗及肥料施用量大等特点。高温、高湿的条件使有机质分解得更快，产生更多的有机酸和腐殖酸。在高复种指数条件下，为了保证作物的质量和产量，偏施或过量施用化肥就成为设施土壤酸化的另一个原因。设施菜地特殊的保温性能，使土壤温度及湿度较大，有机质矿化率高，加之大量集中施用化肥，不注重施用有机肥，有机质损失严重，而且浇水不合理，土壤的团粒结构破坏致使土壤保水、保肥能力及通透性降低，需氧性的微生物活性下降，土壤熟化慢，造成土壤板结加重。其主要危害是造成根系下扎困难，即使根系能下扎下去，也会因土壤含氧量过低，出现乱根现象。

对于全年性覆盖的玻璃温室和塑料温室，土壤终年处于积盐过程，次生盐化发生早且盐害严重。根据研究表明，玻璃和塑料温室耕层土壤（0～25厘米）盐分分别为露地的11.8倍和4.0倍；硝酸根含量则更高，分别为露地的16.5倍和5.9倍，一般种植2～3年即出现盐害。硝酸根是温室土壤盐渍化过程中增加最多的组分，其含量与盐分含量呈正相关，这是因为氮肥施用过多所造成。表明硝酸根的积累是引起土壤次生盐化的原因之一，也是造成设施蔬菜生理障碍的主要土壤因子。

在设施栽培条件下，由于种植品种单一，作物连作后，根系自毒产物增多，抵抗力下降，重茬现象普遍。设施蔬菜种植多年重茬会造成土壤中营养元素平衡被破坏，导致土壤性能变化，寄生虫卵、病原在土壤中越积越多，使得枯萎病、青枯病、茎基腐病、根腐病、根结线虫等土传病害逐年加重，蔬菜产量降低。大棚连作的黄瓜、番茄上，根结线虫的发生和危害相当严重，虫口密度可达1克土中含300条。

加上菜农在蔬菜种植过程中受到"增施磷肥有增产大"及"重施钾肥才能高产优质"的思想的影响，自然在蔬菜种植中比较重视磷钾肥的施用，年年重施磷钾肥，经过多年的积累，设施菜地中有效磷钾的含量大部分都已偏高。尤其前些年菜农施肥时偏爱磷酸二铵，其含磷量高达46%，故多年施用以致土壤中磷含量达到了极为丰富的水平。武汉城郊有些蔬菜保护地的土壤有效磷可达几百毫克/千克，是一般耕地土壤的几倍至十几倍。

二、武汉市设施菜地土壤改良建议

（一）老菜地土壤主要问题的改良建议

1. 提升土壤有机质，改良土壤板结

治理土壤板结要具体分析其形成的原因，采取不同的措施。如果是由于土壤质地太黏而造成的，可以向土中加入土壤改良剂（如聚乙烯醇、聚丙烯腈等），促进土壤团粒的形成，改良土壤结构，提高肥力和固定表土。如果是有机肥不足造成的，增施腐熟有机肥，有机肥要经过充分的腐熟后再施用，特别是人畜粪尿及豆饼，堆制一段时间后要经过 7 ~ 10 天的高温发酵后再施用。每亩施用优质堆肥1500 ~ 2000 千克，配施工厂化有机肥 7 ~ 10 袋，活化土壤，利于蔬菜根系的伸展，增强根系吸收养分和水分的能力，又提高土壤的有机质含量。农作物秸秆是重要的有机肥源，秸秆根茬还田是增肥地力的有效措施之一。

土壤板结还可以向土壤中施入复合微生物肥料（含解磷、解钾的细菌和丝状菌及酵母菌），微生物的分泌物能溶解土壤中的磷酸盐，将磷素释放出来，同时，也将钾及微量元素阳离子释放出来，恢复团粒结构，消除土壤板结，土壤疏松透气。在治理土壤板结的过程中推广测土配方施肥技术：根据土壤检测依据，采用有机与无机肥结合，增施有机肥，合理施用化肥，补施微量元素肥料，这样化肥施入土壤不仅不会板结土壤，而且会增加有机质含量，改善土壤结构，在增加肥力的同时增加透水透气性，进一步提高土壤质量，能避免板结的发生。另外，在土壤耕作时可采用深翻土壤30 厘米左右，垄康整地，增加土壤通透性，提高地温。一般情况下，造成土壤板结的原因都是多方面的，在治理时要将措施结合使用，从而达到更好的效果。

2. 调整种植关键因素，改良土壤次生盐渍化

目前防治设施土壤次生盐渍化的研究主要是围绕施肥、灌溉排水以及相应农艺措施等关键因素展开。

2.1 施肥措施

科学合理施肥是防治设施土壤次生盐渍化的关键。增施有机肥，可以改善土壤结构和增强土壤的养分缓冲能力，以防止盐分积累，但要合理控制施肥用量，并且施用充分腐熟后的有机肥对改善土壤次生盐渍化有较好的效果；利用缓控释肥料替代复合肥，也是防治土壤次生盐渍化不错的手段。

2.2 灌排措施

目前，作为新型灌溉技术的滴灌和渗灌逐渐受到设施农业生产的重视，研究表明，通过滴灌能有效地淋洗、降低土壤中的盐分，同时改善土壤酸度，为作物根系生长创造一个适宜的环境；此外，对设施土壤进行表面覆盖，配合滴灌和喷灌等方式，可以抑制土壤水分蒸发，降低土壤盐分在表层的积累；另外通过灌水洗盐，把设施菜地土壤灌水至表面积 3～5 厘米，浸泡 5～7 天，排出积水，晒田后耕翻整平备用，也可以很好地改良土壤次生盐渍化现象。

2.3 深耕和客土

在冬闲时节深翻土壤，使其风化，夏闲时节则深翻晒白土地，可以降低耕层土壤的盐分，在一定程度上延长了大棚的使用年限。同时对于次生盐渍化程度较重的设施土壤，客土也是一项有效的办法，该方法为更换表土聚盐层，换上肥沃的田土，改土消盐。

3. 采用多种途径，改良土壤酸化

传统的酸性土壤改良的方法是运用石灰或石灰石粉，表土酸度很容易通过施用石灰得到降低，而且土壤耕层交换性 Ca^{2+} 的浓度也会有所增加。除了大量应用的石灰外，近十几年来，人们又发现了一些矿物和工业副产物也能起到改良酸性土壤的效果，如白云石、

磷石膏、磷矿粉、粉煤灰、碳法滤泥、黄磷矿渣粉等。具体操作有三种途径：

3.1 配施石灰：针对设施菜地土壤酸化的特点，为使蔬菜作物能够正常生长，降低病害，必要时可在土壤中结合整地施入适量的生石灰，一般每亩 100～150 千克，具体还应根据土壤的酸碱度而确定。

2006 年武汉市农科院农科所在黄陂区严重酸化的土壤（pH 值＝4.0）上施用石灰，每亩施用 $Ca(OH)_2$ 与 $CaCO_3$ 的混合物 266.7 千克，（$CaCO_3$：$Ca(OH)_2$ ＝ 3：1），一个月左右土壤 pH 值从极酸性条件（4.0）提高至适宜作物生长的范围（6.0～6.5）。

3.2 向土壤中添加碳酸钠、硝石灰等土壤改良剂来改善土壤肥力、增加土壤的透水性和透气性。

3.3 石灰氮闷棚。另外，酸性土壤改良还可以采取生物改良法，主要是利用绿肥及向土壤中洒施微生物菌剂来达到改良土壤的目的。种植绿肥可使土壤内重要元素均大幅度增加，种植年限越长，土壤肥力提高越明显，并且能提高土壤的 pH 值。适当的农业管理措施也是酸性土壤改良的必要手段，土壤的酸化程度取决于氮肥的种类和施入的深度，实验表明，尿素对土壤的酸度影响比硫酸铵和硝酸铵要小，并且，不同配方的化肥对土壤酸度的影响也不同。合理的水肥管理，通过合理的施肥措施让施入的肥料尽可能为植物利用从而减少其随水淋失，这样可以减少氮肥对土壤酸化的影响。

4. 实行测土配方，合理培肥土壤

以作物需求为前提，进行测土配方施肥。根据所要达到的产量水平、土壤养分状况，制定施肥计划科学施肥。肥料不宜用挥发性的氮肥，尽量控制硝态氮肥，以免产生大量的氨气造成毒害。施肥时根据不同的生育期以撒施、沟施、穴施等方式进行。设施菜地施用化肥的分配的一般原则：氮肥总量的 20% 作基肥，80% 作追肥；

磷肥总量的60%作基肥，40%作追肥；钾肥总量的50%作基肥，50%作追肥。除此之外还要注意以下三点：第一是要重视应用生物菌肥；第二是要增施腐熟的有机肥；第三是要广泛施用腐熟粪尿。

5. "两清一补"工程，设施土壤土传病害治理

5.1 "两清"——杀菌、杀虫处理（闷棚、杀菌剂）

闷棚：（1）正常土壤的干闷：土壤深翻或旋耕25～30厘米—覆盖地膜—关闭棚膜风口7～10天。（2）酸化土壤的生石灰闷棚处理：生石灰粉碎到核桃大小—清理土壤表面残留物—均匀撒施生石灰（每亩100～150千克）—深翻土壤25～30厘米—大水漫灌，时间为一周。（3）病害严重的用菌灭线克土壤处理：旋耕后的土壤开沟深度25厘米、宽30厘米，每亩地菌灭线克6～8千克，按照1∶5的比例拌入干土，均匀撒入沟内，覆土10厘米泼入少量水，全面覆土，迅速覆膜。

杀菌剂杀菌处理：将50%多菌灵、土壤菌虫一扫光、土壤消毒剂与土壤深翻闷棚，或与基肥同时使用，或包沟抓窝使用。

5.2 "一补"——补菌处理

土壤处理后的效果好坏补菌是关键。（1）有机发酵菌发酵生粪：每3立方粪肥加入1千克发酵菌剂，覆盖塑料膜持15天以上。可以固定氮肥的挥发，保住养分提高肥料利用率，消除病害菌的侵染。（2）基肥时菌剂同有机肥料一起撒入。（3）随水冲施菌剂每亩地2～3千克，有机肥料的吸收率提高30%以上，吸收速度提前3～5天。尤其是在冬季养分吸收慢的情况下效果明显。同时在蔬菜根部周围形成大量有益菌群，增强根部抗病能力，预防病害侵染。

6. 设施土壤重金属污染控制与改良

鉴于设施菜地已出现了重金属累积甚至超标问题，主要采取源头监控、过程阻断和末端治理的控制策略。即从养殖业的饲料把关、生产有机肥的原料监控、肥料的标准制定、商品肥的检测以及根据

土壤环境容量和作物对养分的需求规律进行合理施肥，以实现农田重金属的源头监控；通过采取种植制度调整（低吸收作物种植）、调理剂的使用、完善环境危害立法、征收环境税及严格执行有关环境法等方面，进行重金属累积过程的阻断；对于重金属超标的农田，采取积极措施，通过使用调理剂、应用低吸收作物、调整耕作制度等办法，达到农产品安全生产的目的；对于污染的农田，则应采取植物、化学及微生物修复等手段进行修复，待其含量下降到一定程度后再种植作物。

（二）新建菜地土壤改良措施

生土是未经人类扰乱过的原生土壤，亦称"死土"。其特点是结构比较紧密，肥力低，稍有光泽，颜色均匀，质地纯净，生物活性差，不含人类活动遗存。近几年，随着土地流转政策的实施，很多未经开垦的荒地开始转变为耕地使用，这些土壤从未种植过；土壤平整等原因，也使一些地方上层的耕作层被全部移走，无论是哪种情况，生土要想作为耕地使用，必须进行土壤的改良。

土壤熟化：通过各种技术措施，使土壤耕性不断改善，肥力不断提高的过程，即生土变熟化的过程。熟化的土壤土层深厚，有机质含量高，土壤结构良好，水、肥、气、热诸多肥料因素协调，微生物活动旺盛，供给作物水分养分的能力强。常用的熟化改良措施主要有以下几种：

1. 深翻土壤，促进土壤熟化

对于未经种植过的荒地、生土地可采用机械深翻，适宜深度为25～30厘米，2～3次深翻。让其通风透气，阳光照射。

2. 种植作物或绿肥，提升土壤肥力

豆科作物、块根作物以及强大的须根作物有利土壤向有机化、生物化、结构化方向发展，较快地形成肥力高的土壤。根据作物生物学特性的差异及对生土反应的差异可将作物分为 4 类，根据作物本身特性可作于设计生物熟化的轮作体系及种植体系，豆科作物可作为促进土壤肥力的先锋作物；葵花、籽粒苋具有强大的生物量和根量，在适当增肥的情况下可形成一定产量，并对改土有利；块根块茎作物有利促进土壤结构的形成，可纳入生土的轮作系统；禾谷类的谷子、黍子、玉米、高粱等对生土反应十分敏感，在肥料缺乏情况下，不可首先种植，但在氮磷化肥或有机肥充足的条件下，种植玉米有利形成强大的根系，促进土壤熟化。

3. 铺留熟土，以土改土

耕层熟土是农民群众在长期生产劳动中培育的结果，具有使农作物稳产、增产的特殊性能。有研究表明，在平整过的生土上铺留熟土，较生土直接种植显著提高作物产量。在挖深 30 厘米以下的生土层上铺留耕层熟土 20 厘米，平均 1 公顷产谷子 664.5 千克，较生土高 39.5%；在挖深 60 厘米以下的生土层铺留耕层熟土 20 厘米，1公顷产谷子 472.5 千克，较生土增产 266.3%；在挖深 100 厘米以下的生土上铺留熟土 20 厘米，1 公顷产谷子 96 千克，而生土谷子生长矮小且不会抽穗成熟。

4. 合理施肥，以肥改土

有机肥料和无机肥料配合施用对加速生土熟化、保证稳产有显著作用。有机肥是一种完全肥料，不仅含有丰富的有机质和微量元素，同时富含多种微生物，对改良生土的作用很大，但肥效较迟缓，往往不能及时满足农作物生长发育的需要。因此在施用有机肥的基础上，再配合施用化肥，改土增产效果良好。据田间测试结果，1公顷施 1200 担圈粪和 600 千克过磷酸钙作底肥，再配合施用硝铵 300千克作种肥和追肥，种谷子平均单产 1732.5 千克/公顷，比单施圈肥增产 35.6%。

秸秆还田也可快速提高红壤地区不同母质土壤有机质含量，不施肥仅秸秆还田能够缓慢增加土壤有机质含量，花岗岩母质土壤、第四纪红土土壤和紫色砂页岩土壤有机质含量分别增加了319.9%、105.7%和164.4%。施氮、磷、钾肥并秸秆还田处理，3种母质土壤有机质含量比熟化前依次增加了460.6%、184.4%和205.9%。

5."混作"加快生土熟化

林业上研究表明，混作后，根系发达，加上小气候改良，明显地促进微生物活动，提高土壤酶活性，加速了有机物分解和养分积累，从而改善土壤理化性状，提高土壤肥力。农业生产上研究表明，石灰性土壤上，玉米与花生混作可改善花生铁营养，显著提高花生根瘤数和固氮酶活性；在少免耕条件下，混作既增产增收又增加有机肥源提高土壤肥力；紫云英与小麦混作体系中氮素转移对小麦生长有促进作用。

6.合适灌溉，以水改土

重视排灌，排水不良的黏重土壤，可以在厢沟50厘米处理秸秆，减少地表径带走土壤和养分。利用微喷灌溉加速"生土地"改良，以喷灌、滴灌、微灌的形式，浸润耕层（0～30厘米），使其保持适宜的土壤含水量（尽可能维持在田间持水量的70%～90%），缓解土壤中的固相、液相及气相之间的矛盾。在土壤养分分析的基础上，配方施肥，秸秆还田，并辅施生物菌肥，协调土壤生态系统各组分的相互关系，加强微生物生命活动，促进物质循环和能量流动，使土壤有机质及速效养分达到较高水平，充分用光、热、水、肥资源，为作物生长发育提供良好的土壤条件。

7.适当掺沙，改良黏重

在质地黏重的土壤，适当掺沙可以起到很好的改良效果。

8.加强田间管理，改善理化性质

生土地由于土壤理化性质不良，种植农作物一般不太发苗，生长发育缓慢，因此必须加强田间管理。除加大底肥的施用量外，生长期间科学合理地追肥也相当重要。追肥要少量多次，有机和无机肥相结合，根部追肥与叶面喷施相结合。中耕可以防止土壤水分蒸发，改善土壤水、气、热状况，促进作物生长发育。新修梯田，由于土壤肥力低，在作物生育期间，特别是苗期、开花期、孕穗期、结实灌浆期要及时中耕、灌溉、加强管理，这样可达到当年整地、当年稳产、增产的目的。

三、武汉地区主要蔬菜平衡施肥技术

（一）蔬菜平衡施肥原则

1. 有机肥和无机肥料（化肥）配合施用

化肥与有机肥料不是互相代替，也不是互相排斥的关系，而是互为补充，互相促进的关系。长期单独施用有机肥，数量有限，土壤养分仍然亏缺，长期单独施用化肥，土壤缓冲性能差，保肥保水能力下降，土壤有益微生物缺乏碳源等，都不利于作物优质高产。有机肥料和化肥配合施用，可以充分发挥缓效与速效相结合特点，做到用地与养地相结合。

2. 正确合理施用化肥

化肥要深施盖土，一般施在 10～15 厘米土层中，避免挥发；生育期短的蔬菜如叶菜类要及早施用；不能直接接触根系；叶菜收获前 15 天就要停止叶面喷施化肥。

3. 根系施肥与叶面施肥相结合

叶面积大，叶片薄的蔬菜的追肥可以完全采用叶面喷施方式，配合根系施肥。

4. 避免撒施化肥

有些地方为了简便就将化肥直接撒在土壤上面，这样会造成化肥，尤其是氮肥的挥发，同时也造成肥料随土体的流失，不仅造成肥料浪费，肥料效率下降，成本上升，而且造成土壤和水体的污染。

5. 有机肥要充分腐熟

禽畜粪便、作物秸秆等有机废弃物由于可能含有较多的病菌、虫卵等，容易引起蔬菜病虫害，也可以通过蔬菜传播一些有害的病菌，引起人们感染疾病；同时如果未腐熟好的禽畜粪便等有机废弃物直接进入田间，将会进一步发酵，产生大量热量，引起烧苗。

6. 严格控制用量

无论是有机肥还是化肥使用都要控制用量，有机肥应作基肥施用，一般每亩控制在1000千克以下，根据土壤状况，适当增减；在肥力较高的土壤上尽量减少化肥的施用。有条件最好进行土壤测试，根据检测情况确定施肥的方案。

7. 正确选择肥料

蔬菜普遍是喜硝态氮肥的，对于生育期长的蔬菜，可适量施用含硝态的水溶性配方肥。

8. 慎用含氯化肥

诸多蔬菜作物如西瓜和茄果类、莴苣、甘薯、白菜、草莓、马铃薯、辣椒、苋菜等蔬果是忌氯作物，所以选择肥料时，注意不要选择氯基的复合肥。

（二）蔬菜平衡施肥措施

蔬菜主要分为叶菜类、茄果类、根茎类3大类型，是高集约型作物，复种指数高，养分需求量大；喜硝态氮肥；对钾有较大的需求量。但不同的类型，甚至不同品种之间对养分的需求特性是不同的，下面针对武汉市主要种植蔬菜种类，提出相应的施肥措施。

1. 叶菜类

叶菜类蔬菜包括两类，第一类是以嫩叶和茎供食用的蔬菜，如小白菜、芹菜、菠菜、苋菜、莴苣等，称绿叶菜类；第二类是以叶球供食用的蔬菜，如结球甘蓝、大白菜（结球白菜）、花椰菜等，称为结球叶菜类。它们之间对养分的需求存在明显的不同。因此施肥方面的要求就存在差异。

绿叶菜类蔬菜属于快生型蔬菜，生长期短，养分吸收速度的高峰在生育前期，所以施肥目标主要是前期重氮肥，促进营养生长，就是促进叶片快速生长。但氮肥施用要适量；结球蔬菜除了前期注意氮的供应外，在生长盛期和进入结球之前，要增进磷，尤其是钾肥的供应。

1.1 菠菜的平衡施肥措施

菠菜的营养特性：菠菜为速生叶菜，生长期短，生长速度快，产量高，需肥量大，与其他速生叶菜一样，对氮的需要较多，氮肥促进叶丛生长。因此除施用以有机肥为主的基肥外，还需要追施速效的高氮型配方肥料（推荐高氮型水溶性配方 22：13：17）。菠菜对氮磷钾三要素的需求，生产 1000 千克菠菜，需要吸收氮素（N）2.5～3.6 千克，磷素（P_2O_5）0.9～1.8 千克，钾素（K_2O）5.2～5.5千克。

菠菜的平衡施肥推荐：

肥力等级	目标产量（千克/亩）	底肥推荐（千克/亩）					追肥推荐（千克/亩）（生长盛期）		
		有机肥	尿素	磷铵	硫酸钾	复合肥	尿素	磷铵	硫酸钾
低肥力	1500～1200	500	5	11	9	50	15	0	8
中肥力	2000～2500	400	5	9	8	40	14	0	7
高肥力	2500～3000	300	4	9	7	30	12	0	6

备注：①追肥时期在生长盛期。②复合肥：N15P15K15

1.2 大白菜的平衡施肥措施

大白菜的营养特性：大白菜生长期较长，产量高，养分需求量大，对钾素吸收多，其次为氮素，对钙敏感。苗期吸收氮磷钾很少，不足各自吸收总量的 10%，以后逐渐增多，到莲坐期占总量的 30% 左右；结球期养分吸收达到高峰，占总量的 60% 左右。此时要重视养分的供应，在肥料的施用上，注重对氮素的的调控，增加钾素的施用，如果此时氮素不足，会造成组织粗硬，植株矮小，而氮素过多又会造成叶大而薄，包心不实，口感淡，品质差，也不耐储运。因此除施用以有机肥为主的基肥外，需要追施速效的高氮型配方肥料和高钾型水溶性肥料（推荐高氮型水溶性配方 22：13：17；高钾型配方 15：10：25），保证养分的及时供应。

大白菜对氮磷钾三要素的需求，生产 1000 千克大白菜，需要吸收氮素（N）2.2 千克，磷素（P_2O_5）0.95 千克，钾素（K_2O）2.5 千克。

大白菜平衡施肥推荐：

肥力等级	目标产量（千克/亩）	底肥推荐（千克/亩）				施肥时期	追肥推荐（千克/亩）（生长盛期）		
		有机肥	尿素	磷铵	硫酸钾		尿素	磷铵	硫酸钾
低肥力	4000～4500	500	5	20	9	莲坐期	14	0	10
						结球初期	14		10
中肥力	4500～5500	400	5	16	8	莲坐期	12	0	9
						结球初期	12		9
高肥力	5500～7000	300	4	15	7	莲坐期	10	0	6
						结球初期	10		6

1.3 结球生菜的平衡施肥措施

结球生菜的营养特性：结球生菜喜欢偏酸性土壤，最适宜 pH 值 = 6；与其他叶菜一样，生长初期需肥量小，随后进入迅速生长期，养分需求逐渐增大，进入结球期养分需求量急剧增长，在结球期一个月里，氮的吸收量占其吸收总量的 80% 以上，磷钾也是一样的趋势，尤其是对钾素的需求，一直持续到收获，此期间一定要保证这三种养分的供应，否则产量和品质都会大大下降。

因此除施用以有机肥为主的基肥外，推荐追施速效的高氮型配方肥料和高钾型水溶性肥料（推荐高氮型水溶性配方 22：13：17；高钾型配方：15：10：25）。保证养分的及时供应。施用原则是在营养生长期，也就是前期用高氮配方，结球后用高钾配方。

结球生菜对氮磷钾三要素的需求，生产 1000 千克结球生菜，需要吸收氮素（N）3.7 千克，磷素（P_2O_5）1.5 千克，钾素（K_2O）3.3 千克。

结球生菜平衡施肥推荐：

肥力等级	目标产量（千克/亩）	底肥推荐（千克/亩）			施肥时期	追肥推荐（千克/亩）（生长盛期）		
		有机肥	尿素	磷铵	硫酸钾		尿素	磷铵	硫酸钾
低肥力	2000～2500	500	5	20	8	莲坐期	12	0	10
						结球初期	12		10
中肥力	2500～3000	400	5	17	8	莲坐期	11	0	9
						结球初期	11		9
高肥力	3000～3500	300	4	15	7	莲坐期	10	0	8
						结球初期	10		8

1.4 花菜的平衡施肥措施

花菜的营养特性：花菜喜欢偏酸性土壤，最适宜 pH 值＝5.5～6.6；花菜生长期长，对养分需求量大，需求最多的是氮和钾，特别是生长的前期，叶簇生长的盛期，需要大量氮素，花球形成期对磷素需求增多，膨大期对钾素增多，因此在现蕾后至花球膨大期，要重视对磷钾的施用；同时花菜对硼、镁、钙、钼的需求也较多，因此要重视中微量元素的施用，宜早施用。

除施用以有机肥为主的基肥外，推荐追施速效的高氮型配方肥料和高钾型水溶性肥料（推荐高氮型水溶性配方 22∶13∶17；高钾型配方：15∶10∶25），保证养分的及时供应。施用原则是在营养生长期，也就是前期用高氮配方，结球后用高钾配方。

花菜对氮磷钾三要素的需求，生产 1000 千克花菜，需要吸收氮素（N）7.5 ～ 11 千克，磷素（P_2O_5）2.1 ～ 3.2 千克，钾素（K_2O）9.5 ～ 12 千克。

花菜平衡施肥推荐：

肥力等级	目标产量（千克/亩）	底肥推荐（千克/亩）			施肥时期	追肥推荐（千克/亩）（生长盛期）		
		有机肥	尿素	磷铵	硫酸钾		尿素	磷铵	硫酸钾
低肥力	1500 ～ 2000	500	7	21	8	莲坐期	12		7
						结球初期	15	0	9
						花球中期	12		7
中肥力	2000 ～ 2500	400	6	16	8	莲坐期	11		6
						结球初期	13	0	8
						花球中期	11		6
高肥力	2500 ～ 3000	300	5	14	7	莲坐期	10		5
						结球初期	12	0	7
						花球中期	10		5

1.5 菜心的平衡施肥措施

菜心的营养特性：适宜的 pH 值为 5.8 ～ 6.5 之间，幼苗期对氮磷钾的吸收量占总量的 25%，叶片生长期占 20%，薹期占 55% 左右。菜心缓苗快，生长迅速，施用以有机肥为主的基肥外，及时追肥，推荐追施速效的高氮型配方肥料和高钾型水溶性肥料（推荐高氮型水溶性配方22：13：17；高钾型配方：15：10：25）。保证养分的及时供应。施用原则是在营养生长期，也就是前期用高氮配方，薹形成期用高钾配方。

菜心对氮磷钾三要素的需求，以氮素为主，其次为钾素，磷素最少，生产1000千克菜心，需要吸收氮素（N）2～4千克，磷素（P_2O_5）0.5～1.0千克，钾素（K_2O）1.2～4.0千克。

菜心的施肥推荐：

肥力等级	目标产量（千克/亩）	底肥推荐（千克/亩）			追肥推荐（千克/亩）（抽薹期）		
		有机肥	尿素	磷铵	尿素	磷铵	硫酸钾
低肥力	1000～1200	500	6	12	7	8	0	7
中肥力	1200～1800	400	5	10	6	7	0	6
高肥力	1800～2000	300	4	8	5	6	0	5

注：红菜薹可以参照菜心的施肥方法。

2. 茄果类

武汉地区种植的茄果类蔬菜主要有番茄、辣椒、茄子等，茄果类蔬菜，生长期较长，养分需求量大，对氮钾的需求量较大。

2.1 茄子的平衡施肥措施

茄子的营养特性：茄子对土壤适应性较强，适宜的pH值是6.8～7.2，采摘期长，养分需求量大。开花后养分吸收逐渐增加，盛果期达到高峰，养分吸收占总量的90%。对氮磷钾三要素的需求，需要较多氮素和钾素，磷素最少，生产1000千克茄子，需要吸收氮素（N）3～4千克，磷素（P_2O_5）0.7～1千克，钾素（K_2O）4.0～6.6千克。

施用以有机肥为主的基肥外，及时追肥，推荐追施速效的高氮型配方肥料和高钾型水溶性肥料（推荐高氮型水溶性配方22：13：17；高钾型配方：15：10：25）。保证养分的及时供应。施用原则是在营养生长期用高氮配方，促进营养生长，果形成期用高钾配方，促进生殖生长。

茄子的平衡施肥推荐：

肥力等级	目标产量（千克/亩）	底肥推荐（千克/亩）				施肥时期	追肥推荐（千克/亩）		
		有机肥	尿素	磷铵	硫酸钾		尿素	磷铵	硫酸钾
低肥力	2500～3500	500	5	15	9	对茄膨大期	15	0	10
						四母斗膨大期	15		10
中肥力	3500～4500	400	5	13	8	对茄膨大期	14	0	9
						四母斗膨大期	14		9
高肥力	4500～5500	300	4	11	7	对茄膨大期	12	0	8
						四母斗膨大期	12		8

注：辣椒施肥可以参照茄子的施肥措施。

2.2 番茄的平衡施肥措施

番茄的营养特性：番茄对养分的吸收量随着生长的推进而增加，前期少，从第一花序开始结果，养分吸收量迅速增加，到盛果期养分吸收占全期的80%左右，对钾的需求最大，几乎是氮的1倍，对钙的吸收量和对氮相当，所以如果缺钙一定要补充，否则会出现番茄的脐腐病。同时也需要较多的镁。生产1000千克番茄，需要吸收氮素（N）2.1～3.5千克，磷素（P_2O_5）0.7～1.2千克，钾素（K_2O）

4.0～5.5 千克。

除了以下表中推荐的方法外，及时追施速效的高氮型配方肥料和高钾型水溶性肥料（推荐高氮型水溶性配方 22：13：17；高钾型配方：15：10：25）。保证养分的及时供应。施用原则是在营养生长期用高氮配方，促进营养生长，坐果期间用高钾配方，促进果实膨大。

番茄的平衡施肥推荐：

肥力等级	目标产量（千克/亩）	底肥推荐（千克/亩）				施肥次数	追肥推荐（千克/亩）2 次		
		有机肥	尿素	磷铵	硫酸钾		尿素	磷铵	硫酸钾
低肥力	3000～4000	500	8	20	11	第一次	10		6
						第二次	14	0	8
						第三次	10		6
中肥力	4000～5000	400	7	15	10	第一次	9		6
						第二次	13		8
						第三次	9		
高肥力	5000～6000	300	5	13	9	第一次	8		5
						第二次	12	0	7
						第三次	8		5

注：第一次：第一穗果膨大期；第二次：第二穗果膨大期；第三次：第三穗果膨大期。

3. 根茎类

萝卜的平衡施肥措施

萝卜的营养特性：萝卜生长初期对氮磷钾的吸收较慢，到肉质根生长盛期，对氮、磷、钾的吸收量最多，肉质根膨大盛期是养分吸收高峰期，此期吸收的氮占全生育期吸氮总量的76.6%，吸磷量占总吸磷量的 82.9%，吸钾量占其吸收总量的 76.6%。保证此时的营养充足是萝卜丰产的关键。

生产 1000 千克萝卜，需要吸收氮素（N）2.2 ～ 3.1 千克，磷素（P_2O_5）0.8 ～ 1.9 千克，钾素（K_2O）3.5 ～ 5.6 千克。

总施肥原则与其他作物一样，有机肥与无机肥料配合，基肥与追肥配合，最佳方法施用有机肥为基肥，追施速效的高氮型配方肥料和高钾型水溶性肥料（推荐高氮型水溶性配方 22：13：17；高钾型配方：15：10：25）。生长前期用高氮配方，促进营养生长，中后期用高钾配方，促进膨大。

萝卜的平衡施肥推荐：

肥力等级	目标产量（千克/亩）	底肥推荐（千克/亩）			施肥次数	追肥推荐（千克/亩）2 次		
		有机肥	尿素	磷铵	硫酸钾		尿素	磷铵	硫酸钾
低肥力	2500 ～ 3000	500	5	15	10	第一次	9	0	7
						第二次	7		7
中肥力	3000 ～ 3500	400	5	13	9	第一次	9	0	7
						第二次	7		7
高肥力	3500 ～ 4000	300	4	11	8	第一次	8	0	6
						第二次	6		6

注：第一次追肥：肉质根膨大初期，第二次在肉质根膨大中期。

4. 瓜果类

4.1 黄瓜的平衡施肥措施

黄瓜的营养特性：黄瓜的营养生长与生殖生长并进时间长，产量高，喜肥但不耐肥。生育前期养分需求量小，氮的吸收量只占全生育期的 6.5%。随着生育期的推进，养分吸收量显著增加，坐果期达到吸收高峰。在坐果盛期的 20 多天内，吸收的氮、磷、钾量分别占各自吸收总量的 50%、47%、48%，到后期养分吸收量逐渐减少。

生产 1000 千克黄瓜，需要吸收氮素（N）2.8 ～ 3.2 千克，磷素（P$_2$O$_5$）1.2 ～ 1.8 千克，钾素（K$_2$O）3.3 ～ 4.4 千克。

除了以下表中推荐外，可以施用以有机肥为主的基肥，及时在不同的生长阶段进行追肥，推荐追施速效的高氮型配方肥料和高钾型水溶性肥料（推荐高氮型水溶性配方 22：13：17；高钾型配方：15：10：25）。保证养分的及时供应。施用原则是在营养生长期用高氮配方，促进营养生长，坐果期间用高钾配方，促进果实膨大。

黄瓜的平衡施肥推荐：

肥力等级	目标产量（千克/亩）	底肥推荐肥（千克/亩）				施肥时期	追肥推荐（千克/亩）		
		有机肥	尿素	磷铵	硫酸钾		尿素	磷铵	硫酸钾
低肥力	3000 ～ 3500	500	7	20	7	伸蔓期	11		5
						结果期	15	0	7
						果实膨大期	11		5
中肥力	3500 ～ 4000	400	6	15	7	伸蔓期	10		5
						结果期	13	0	6
						果实膨大期	10		5
高肥力	4000 ～ 4500	300	6	13	5	伸蔓期	9		4
						结果期	12	0	6
						果实膨大期	9		4

4.2 西瓜的平衡施肥措施

西瓜的营养特性：西瓜对土壤的适应性较广，pH 值在 5 ～ 7 之间都可以正常生长，西瓜整个生育期对氮磷钾三要素的需求中，钾最多，其次为氮，磷最少。对养分的需求，结果期达到高峰，此时要保证三种养分的供应，尤其是氮钾的供应，此时钾的供应对果实膨大和品质均有好的作用。

生产 1000 千克西瓜，需要吸收氮素（N）5.1 千克，磷素（P_2O_5）1.6 千克，钾素（K_2O）6.4 千克。

施肥方法除了以下表中推荐外，最好是施用以有机肥为主的基肥后，及时在不同的生长阶段进行追肥，推荐追施速效的高氮型配方肥料和高钾型水溶性肥料（推荐高氮型水溶性配方 22：13：17；高钾型配方：15：10：25）。保证养分的及时供应。施用原则是在营养生长期用高氮配方，促进营养生长，坐果期间用高钾配方，促进果实膨大。

西瓜的平衡施肥推荐：

肥力等级	目标产量（千克/亩）	底肥推荐（千克/亩）				追肥推荐（千克/亩）3～4次			
		有机肥	尿素	磷铵	硫酸钾	复合肥	尿素	磷铵	硫酸钾
低肥力	2500～3500	500	6	20	5	60	9	0	8
中肥力	3500～4500	400	5	15	5	50			6
高肥力	4500～5500	300	5	12	4	40	8	0	5

注：全生育期追肥 3～4 次，第一次在根瓜收获后，以后每半月追施一次。

4.3 甜瓜的平衡施肥措施

甜瓜的营养特性：甜瓜最适宜的土壤 pH 值是 6～6.8 之间，开花对果实膨大末期的 1 个月时间里，是甜瓜吸收矿质养分最大的时期，也是肥料的最大效率期。这时一定要保证养分的供应，施肥建议除了以下表中推荐外，可以施用以有机肥为主的基肥，及时在不同的生长阶段进行追肥，推荐追施速效的高氮型配方肥料和高钾型水溶性肥料（推荐高氮型水溶性配方 22：13：17；高钾型配方：15：10：25）。保证养分的及时供应。施用原则是在营养生长期用高氮配方，促进营养生长，坐果期间用高钾配方，促进果实膨大。

生产 1000 千克甜瓜，需要吸收氮素（N）3.5 千克，磷素（P_2O_5）1.7 千克，钾素（K_2O）6.8 千克，钙（CaO）5.0 千克。

甜瓜的平衡施肥推荐：

肥力等级	目标产量（千克/亩）	底肥推荐（千克/亩）				施肥时期	追肥推荐（千克/亩）		
		有机肥	尿素	磷铵	硫酸钾		尿素	磷铵	硫酸钾
低肥力	1500～2000	500	6	20	7	伸蔓期	10	0	5
						结果期	13		6
						果实膨大期	10		5
中肥力	2000～2500	400	5	16	6	伸蔓期	9	0	4
						结果期	12		6
						果实膨大期	9		4
高肥力	2500～3000	300	5	15	5	伸蔓期	8	0	4
						结果期	12		5
						果实膨大期	8		4

5. 豆类

菜豆的平衡施肥措施

菜豆的营养特性：菜豆是豆科作物，最适宜的土壤 pH 值为 6～7 之间，有根瘤共生，能够固氮，对于豆科作物在生长前期，由于根系没有发育，根瘤菌则不甚发达，所以前期适当施用氮肥，待根瘤发达后，减少或不施用氮肥，因为如果额外增加外源生物氮肥，根瘤本身就"偷懒"，不去固氮了。当然菜豆的根瘤较其他豆科作物的根瘤弱，因此，还是要酌情增施氮肥。

生产 1000 千克菜豆，需要吸收氮素（N）3.4 千克，磷素（P_2O_5）2.3 千克，钾素（K_2O）5.9 千克。

菜豆的平衡施肥推荐：

肥力等级	目标产量（千克/亩）	底肥推荐（千克/亩）				施肥时期	追肥推荐（千克/亩）2次		
		有机肥	尿素	磷铵	硫酸钾		尿素	磷铵	硫酸钾
低肥力	1000～1500	500	4	15	9	抽蔓期	9	0	6
						开花结荚期	7		6
中肥力	1500～2000	400	3	13	8	抽蔓期	8	0	6
						开花结荚期	7		5
高肥力	2000～2500	300	3	11	7	抽蔓期	8	0	6
						开花结荚期	6		5

（三）土壤 pH 值对肥料效果的影响

从图中可以看出土壤 pH 值在 6.5～7.5 之间对大量元素氮磷钾和中量元素钙镁硫能较好的吸收，而微量元素吸收最佳的 pH 值在 5.5～6.5 之间，因此为了兼顾对养分的较为全面的获得，蔬菜的种植土壤最佳的 pH 值应该在 5.5～7.5 之间，因此肥料的施用效果是与土壤的酸碱度密切相关的，土壤太偏酸性和太偏碱性，肥料施用效果都不会好，这也是为什么有时候我们用的肥料很多，却没有相应效果的主要原因之一。因此如果土壤过酸或过碱，要调节在适宜的范围，肥料用下去才会发挥应有的作用。

（四）棚室蔬菜障碍与控制

1. 主要障碍

1.1 盐分积聚

棚室栽培条件土壤表层容易积聚养分，导致蔬菜根系吸收障碍。引起养分聚集原因主要有两个方面：一是施肥过量，肥料滞留土壤表层，而与露地相比，没有雨水的淋溶过程，容易造成土壤溶液中盐分过高。二是棚室不仅没有雨水淋溶，土壤水分是呈上升运动，土壤中的盐分随水分向表层聚集，使蔬菜根系产生盐分浓度障，因此根系吸收水分和养分的能力被抑制，反应在植株的地上部分就是：生长滞缓或停止，叶色变淡，逐渐萎蔫黄化，也变焦枯，甚至落叶。

1.2 气体危害

导致棚室蔬菜危害的气体种类较多，如劣质薄膜挥发的有机毒气；燃烧加温不当产生的二氧化硫和一氧化碳等气体；但最常见的是由于过量施用氮肥而造成的氨气（NH_3）和亚硝酸气（NO_2）的危害。

氨气是在棚室内过量施用尿素或其他铵态氮肥，遇到棚室温度较高，氮肥分解逸出氨气，如果土壤在中性或碱性条件下，更易中毒；同时，棚室内，大量施用未腐熟的有机肥或新鲜的秸秆，也会产生中毒。

亚硝酸气是过量氮肥在土壤中积累，遇到土壤温度低，土壤过酸（pH 值小于或等于 5）时产生的。

蔬菜受上述气体危害，地上部分有明显的症状，其共同点是中位叶首先受害，症状最为明显，而下位老叶和生长点附近的新叶通常不致受害。氨气危害症状是中位叶呈水浸状，接着变成褐色。亚硝酸气危害症状是中位叶缘或脉间出现水浸状斑点，并迅速失绿或变成黄白色。

2. 防治措施

控制氮肥用量是防治气体中毒最根本的措施，提倡平衡施肥，定量分次施用，并采用以下具体措施加以防治：

2.1 及时通风换气

定时通风换气，有条件的地方加强棚内检测，可以通过测定露水的 pH 值判断，早晨露水显酸性，说明有亚硝酸气体产生；显碱性，则有氨气产生。

2.2 调节土壤酸度

土壤酸度对亚硝酸气的产生影响较大，而棚内亚硝酸气危害也较常见，可以施用碳酸钙提高 pH 值，沙土用量每亩 30 千克，黏土每亩 60 千克。

2.3 灌水淋洗和施用亚硝化细菌抑制剂

灌水淋洗可以减少氮的积累，亚硝化细菌抑制剂可以减少亚硝酸产生，都可以控制亚硝酸气体的危害。

四、水肥一体化施肥技术要求

水肥一体化施肥技术是将灌溉技术与配方施肥技术融为一体的新技术，通常以微灌系统为载体，根据蔬菜需水需肥规律、土壤状况、气候条件，把含有各种营养的液体肥料或可溶性固体和灌溉水按比例混合后，通过管道和滴头形成滴灌，均匀、定时、定量，输送到蔬菜根部土壤供给植株吸收，适时适量满足蔬菜对水肥的需求。具有节水节肥、节省劳力、减轻病虫草害、提高品质和产量等作用。

（一）灌溉水质要求

实施水肥一体化必须具备清洁、无污染的水源，灌溉水质应符合《GB 5084 农田灌溉水质标准》的生食类蔬菜、瓜类和草本水果中使用所要求的农田灌溉水质控制标准值。以地表水或循环用水作灌溉水源时，水质往往达不到使用标准要求，必须采取水质净化措施。通常配套建设灌溉水的蓄水池沉淀杂质，灌溉水引入蓄水池中澄清后才使用。当灌溉水受污染、杂质多时，可根据污染物性质和污染程度在灌溉水中加入污水净化剂，将污染物分解、吸附、沉淀，澄清灌溉水水质，使其符合《GB 5084 农田灌溉水质标准》的控制标准值。

1.肥料选择要求

1.1 溶解度高

适合水肥一体化的肥料要在田间温度及常温下能够完全溶解于

水，溶解度高的肥料沉淀少，不易堵塞管道和出水口。目前，市场上常用的溶解性好的肥料有：尿素、硫酸铵、硝酸钙、硝酸钾、磷酸、磷酸二氢钾、磷酸一铵（工业级）、氯化钾、硫酸镁、螯合锌、螯合铁、滴灌专用肥、大量元素水溶肥、微量元素水溶肥、氨基酸类水溶肥等。

1.2 养分含量高

选择的肥料养分含量要较高，如果肥料中养分含量较低，肥料用量就要增加，可能造成溶液中离子浓度过高，易发生堵塞现象。

1.3 兼容性好

由于水肥一体化灌溉肥料大部分是通过微灌系统随水施肥，如果肥料混合后产生沉淀物，就会堵塞微灌管道和出水口，缩短设备使用年限。

1.4 对灌溉水影响少

灌溉水中通常含有各种离子和杂质，如钙离子、镁离子、硫酸根离子、碳酸根离子、碳酸氢根离子等，当灌溉水 pH 值达到一定数值时，灌溉水中阳、阴离子和肥料会发生反应，产生沉淀。因此，在选择肥料品种时要考虑灌溉水质、pH 值、电导率和灌溉水的可溶盐含量等。当灌溉水的硬度较大时，应采用酸性肥料。

1.5 对灌溉设备的腐蚀性小

水肥一体化的肥料要通过灌溉设备来使用，而有些肥料与灌溉设备接触时，易腐蚀灌溉设备。如用铁制的施肥罐时，磷酸会溶解金属铁，铁离子与磷酸根生成磷酸铁沉淀物。一般情况下，应用不锈钢或非金属材料的施肥罐。因此，应根据灌溉设备材质选择腐蚀性较小的肥料。镀锌铁设备不宜选硫酸铵、硝酸铵、磷酸及硝酸钙，青铜或黄铜设备不宜选磷酸二铵、硫酸铵、硝酸铵等，不锈钢或铝质设备适宜大部分肥料。

1.6 含氯肥的选择

氯化钾具有溶解速度快、养分含量高、价格低的优点，对于非忌氯作物或土壤存在淋洗渗漏条件时，氯化钾是用于水肥一体化灌溉的最好钾肥，但对某些氯敏感蔬菜（马铃薯、白菜、辣椒、莴苣、苋菜等）和盐渍化土壤要控制使用，以防发生氯害和加重盐化，一般根据作物耐氯程度，将硫酸钾和氯化钾配合使用。

2. 水肥一体化施肥技术实施

2.1 灌水

2.1.1 确定灌水定额

根据作物种类的需水量、降水量等确定灌溉定额。而后按作物不同生育阶段的需水规律，结合降水情况和土壤墒情确定灌水定额、灌水次数、灌水时期和每次的灌水量。根据农作物根系情况断定湿润深度。蔬菜宜为 0.2 ～ 0.3 米，农作物灌溉上限操控田间持水量在 85% ～ 95%，下限操控在 55% ～ 65%。

2.1.2 灌水前准备

把水加到贮水罐或储水窖中，让其沉淀半小时以上再开始滴水，防止井沙等杂物进入滴灌设备。

2.1.3 灌水具体实施

2.1.3.1 叶菜类

生育前期，晴天 1 天滴 1 次，阴天或雨天不滴。每次滴灌时间控制在每个滴孔出水 200 ～ 400 毫升。

生育后期，晴天 1 天滴 1 次，阴天 3 天滴 1 次，雨天不滴。每次滴灌时间控制在每个滴孔出水 400 ～ 600 毫升。

2.1.3.2 果菜类

定植至开花，晴天 1 天滴 1 次，阴天或雨天不滴。每次滴灌时间控制在每个滴孔出水 200 ～ 400 毫升。

开花至结果，晴天 1 天滴 1 次，阴天 3 天滴 1 次，雨天不滴。

每次滴灌时间控制在每个滴孔出水 400 ～ 600 毫升。

结果后，晴天 1 天滴 2 ～ 3 次，阴天 3 天滴 1 次，雨天不滴。每次滴灌时间控制在每个滴孔出水 600 ～ 800 毫升。

各时期滴灌时间应在 10 时之前或 16 时之后。

2.2 施肥

2.2.1 施肥原则

有机肥料和无机肥料配合施用，大量营养元素肥料与微量营养元素肥料的配合施用，基肥和追肥配合施用。化学肥料应符合《NY/T 496 肥料合理使用准则 通则》的规定，有机肥料应符合《NY 525 有机肥料》的规定。果菜类开花期控制氮肥过量施用，防止落花、落叶、落果；幼果期和采收期要及时补施速效肥，促进幼果膨大和促进下一批果实生长；忌中午高温时追肥，忌过于集中追肥。

2.2.2 施肥方案

根据蔬菜生长特性、养分需求规律、土壤肥力状况、气候条件及目标产量确定总施肥量、各种养分配比、基肥与追肥的比例；进一步确定基肥的种类和用量，各个时期追肥的种类和用量、追肥时间、追肥次数等。

2.2.3 施肥方式

2.2.3.1 基肥

铺设管网前将全生育期施肥总量 20% ～ 30% 的氮肥、80% 以上的磷肥、30% ～ 40% 的钾肥，以及其他等各种难溶性肥料和有机肥料等作基肥，结合整地全层施肥。铺设管网后用地膜、秸秆等覆盖畦面保墒、防杂草等。

2.2.3.2 追肥

叶菜类：高氮型水溶性肥料，5 ～ 7 天追一次，每次用量 4 ～ 6 千克/亩；

果菜类：定植至开花，高氮型水溶性肥料，5 ～ 7 天追一次，每次用量4～6千克/亩；开花后，高钾型水溶性肥料，7～10天追一次，每次用量6～9千克/亩，（如使用低浓度滴灌专用肥，则肥料用量需要相应增加）。

追肥步骤：

第一步，选择各种液态或固态水溶性肥料溶于水中，搅拌均匀，混合配制成一定浓度的肥料母液；对于混合会发生化学反应的肥料应采用分别单独注入的办法来解决，即第一种肥料注入完成后，用清水充分冲洗灌溉系统，然后再注入第二种肥料。

第二步，调节施肥装置的水肥混合比例或调节肥料母液流量的阀门开关使肥料母液以一定比例与灌溉水混合（混合后肥料浓度1.6～2.5克/升），或直接将肥料溶解至浓度1.6～2.5克/升，施入田间。

第三步，肥追完后用清水清洗滴灌系统10分钟以上。

2.3 设施选择与维护

2.3.1 水肥一体化的设施组成及作用

水肥一体化又叫灌溉施肥，该系统由首部枢纽、输配水管网、灌水器等组成。

2.3.1.1 首部枢纽

首部枢纽的作用是从水源中抽取水，增压并将其处理成符合灌溉水质要求的水肥混合液，然后输送至输配水管网中。

它由水泵、动力机、变频设备、施肥设备、过滤设备、进排气阀、流量及压力测量仪表等组成。

水泵的作用是为灌溉水提供足够的水头压力，当灌溉水源有足够的自然水头时（如以修建在高处的蓄水池作为水源）可以不安装水泵。

动力机的作用是向水泵提供能量，可以是柴油机或电动机等。

变频设备是实现自动变频调速恒压供水的关键配套设备，具有明显节电效果，可以减少对电网的影响。

施肥设备用于将肥料、除草剂或杀虫剂等按一定比例与灌溉水混合，并注入灌溉系统。

过滤设备的作用是将灌溉水中的固体颗粒滤去，防止系统堵塞。

进排气阀可以在开始供水时及时将管道内的空气排出，避免压力过大而影响水流量，同时在停止供水时及时补入空气，避免管道内形成真空而吸入土壤颗粒等杂质。

流量及压力仪表用于测量管路中水流的流量和压力，或者测量施肥系统中肥料的注入量。

2.3.1.2 输配水管网

输配水管网的作用是将首部枢纽处理过的水肥混合液输送到每个灌水器。由主管和支管组成，可由 UPVC 管、PE 管等不同管带连接而成。

2.3.1.3 灌水器

给植物或作物灌水用的器具。灌水器通过不同结构的流道或孔口，削减压力，使水流变成水滴、细流或喷洒状直接作用于作物根区附近。它是利用压力系统按照作物需水要求，通过输配水管网系统将水和作物生长所需肥水养分以均匀地、准确地直接输送到植物、作物根部的土壤表面或土层中，使作物根部的土壤经常保持在最佳水、肥、气状态的灌水用器。微灌系统特制灌水器有滴头、微喷头、渗灌管和微管等；喷灌系统灌水器有各种喷头；人工淋灌系统有快速取水器；甚至把人工洒水用器等，也可以算作灌水器。

2.3.2 水肥一体化的设施选择

2.3.2.1 动力装置

动力装置由水泵和动力机构成。要根据田间的灌溉水的扬程、流量选择适宜的水泵，并略大于工作时的最大扬程和最大流量，其运行工况点宜处在高效区的范围内，选择好配套动力机。田间灌溉水流量一般为每亩 1 ～ 4 吨 / 时。供水压力以 150 ～ 200 千帕为宜。

2.3.2.2 水肥混合装置

母液贮存罐：应选择塑料等耐腐蚀性强的贮存罐，根据田块面积和施肥习惯选用适当大小的容器。

施肥设备：施肥设备可根据具体条件选用注射泵、文丘里施肥器、施肥罐或其他泵吸式施肥装置。

注射泵：使用水力驱动注射泵或动力驱动注射泵，将肥料母液注入灌溉系统，可通过调节水肥混合比例和施肥时间精确控制施肥量。

文丘里施肥器：利用水流在管道狭窄处形成高速射流后使管径壁产生负压，将肥料母液从侧壁小孔吸入灌溉系统。可调节肥料母液管的孔径大小来控制施肥浓度，水流速度会影响水肥混合比例。

施肥罐：施肥罐的进、出口由两根细管分别与灌溉系统的管道相连接，在主管道上两条细管接点之间设置一个截止阀以产生一个较小的压力差，使一部分水从施肥罐进水管直达罐底，水溶解罐中肥料后，肥料溶液由出水管进入灌溉系统，将肥料带到作物根区。

自压微灌系统施肥装置：将肥料母液贮存罐安装在高于蓄水池水面 1 米以上的位置，通过阀门和三通与给水管连接，肥料母液通过自身重力和水泵吸力流入灌溉系统，可调节控制肥料母液流量和施肥时间精确控制施肥量。

2.3.2.3 过滤装置

如果利用地表水进行灌溉，常使用叠片式过滤器过滤灌溉水，以使用 125 微米以上精度的叠片过滤器为宜。蓄水池的吸水管末端和肥料母液的吸肥管末端可用 0.15 毫米左右的滤网包裹，防止杂质进入灌溉系统。给水管在蓄水池中吸水位置宜高于水池底部 30 厘米以上，防止淤泥被吸入。

2.3.2.4 控制系统

手动控制系统：手动控制系统的所有操作均由人工完成，如水泵、肥料母液贮存罐阀门的开启、关闭，灌溉时间，何时灌溉等。

其成本较低，控制部分技术含量不高，便于使用和维护，适合农村推广应用。手动控制系统一定要安装压力表监测系统的运行情况。

自动控制系统：自动控制系统是根据作物需水需肥的参数预先编好灌溉施肥的电脑控制程序，可长期自动启闭进行灌溉和施肥，主要由中央控制器、自动阀门组成。全自动控制系统还需安装水分传感器、压力传感器等。

全自动控制系统的应用：自动控制系统也称为智能灌溉施肥技术，我国的水肥一体化技术已经由以往的局部试验示范向生产应用推广发展。但大多数的应用还局限于随水冲施和后期追施为主的灌溉施肥一体化技术，真正围绕作物全生育期的水肥需求规律设计的灌溉施肥一体化技术应用较少，在水肥一体化的精准控制技术和设备等领域的研究更是处于初始阶段。

2.3.2.5 智能灌溉施肥技术案例

2012 年在武汉市农科院武湖基地实施了"智能灌溉施肥技术在茄子生产上的应用研究"。

实施系统通过微机控制机构自动定时地对田间布设的土壤水分传感器采集的土壤水分数据进行接收检查，然后根据预先设计的灌溉决策系统软件（制订的灌溉计划）对所采集的数据进行比较分析，判断灌溉量，灌溉时间，向控制子系统发出是否灌水的指令，系统根据指令来启动对应的电磁阀和驱动设备，实现节水灌溉的自动运行。根据施肥决策系统软件自行设计的科学施肥计划，控制中心向控制子系统发出是否施肥的指令从而进行智能施肥。

施肥则是采用开环控制，在施肥之前，设定施肥计划保存于数据库，采用水肥一体，肥随水走的施肥形式。当需要施肥时，打开营养液罐电磁阀，将混合好的肥料融入水中，再通过混合仓将水和肥混合均匀，通过滴灌带滴灌到指定的小区。在制订施肥计划时，施肥次数、施肥用量与不同作物不同生育阶段相关，尽量考虑作物对肥料的需求程度，少施多次，保证养分能被作物有效吸收利用，提高肥料利用率。

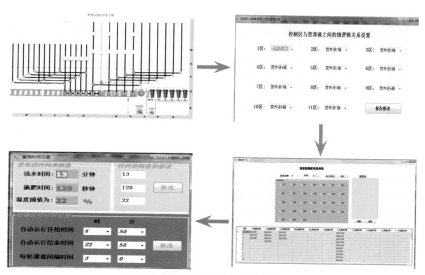

图 1 智能灌溉施肥微机控制及修改界面

图 2 智能灌溉施肥田间布置与实施

　　试验结果显示：与农民传统灌溉施肥相比，自动控制灌溉施肥处理明显提高了茄子的产量。在自动灌溉施肥处理的 N、P、K 肥的施用量分别是农民传统施用量的 77.1%、21.4% 和 80% 的前提下，自动控制灌溉施肥处理比农民传统施肥处理产量提高了 25.4%。在提高产量的同时，自动控制灌溉施肥比农民传统灌溉施肥节约了58.73% 的灌溉水。在果实品质方面，自动控制灌溉处理硝酸盐的含量显著低于农民传统灌溉施肥；VC 和可溶性糖含量显著高于农民传统灌溉施肥；可溶性蛋白含量虽然低于农民传统灌溉施肥，但是差异性不显著。在果实矿质养分含量方面，自动控制灌溉施肥的全 N和全 K 含量显著高于农民传统施肥，全磷的含量显著低于传统施肥处理。在总成本每亩节约 200 元的前提下，自动控制灌溉施肥处理每亩地可以提高 1700 元的纯收入。

2.3.3 水肥一体化设施的维护

2.3.3.1 管道的维护

　　每次上肥时应先滴清水，待压力安稳后再上肥，上肥完成后再滴清水清洁管道。

　　作物生育期第一次灌溉前和最终一次灌溉后运用清水冲刷体系。

　　要定时查看、及时修理体系设备，避免漏水。

2.3.3.2 灌水器的维护

　　灌水器易损坏，应细心管理，不用时要轻轻卷起，切忌踩压或在地上拖动。

　　加强管理，防止杂物进入灌水器或供水管内。若发现有杂物进入，应及时打开堵塞头冲洗干净。

　　滴灌时，要缓缓开启阀门，逐渐增加流量，以排净空气，减小对灌水器的冲击压力，延长其使用寿命。

2.3.3.3 过滤器的维护

　　过滤器是保证系统正常工作的关键部件，要经常清洗，及时清洁过滤器，定时对离心过滤器集沙罐进行排沙。若发现滤网破损，要及时更换。

2.3.3.4 体系的维护

要控制好系统压力，系统工作压力应控制在规定的标准范围内。

上肥过程中，应定时监测灌水器流出的水溶液浓度，避免肥害。

冬天来临前应进行体系排水，避免结冰爆管，做好易损部位维护。

冬季大棚内温度过低时，要采取相应措施，防止冻裂塑料件、供水管及灌水器等。

第四章　设施育苗

蔬菜育苗是蔬菜高产的基础，农业谚语"苗好三分收"形象地表达了健壮秧苗在蔬菜生产中的地位和作用，培育适龄健康壮苗是蔬菜育苗的主要目标。育苗是蔬菜生产过程中技术比较复杂的栽培环节，由于设施蔬菜种植的许多蔬菜种类是在非适宜生长季节的生产，因此在不同季节的育苗过程需要通过各种调控技术促进秧苗的正常生长，培育健康壮苗供给大田生产。针对长江中下游地区的气候特点，本篇主要介绍蔬菜冬春育苗、夏秋育苗、工厂化育苗和嫁接育苗等几个方面技术特点，指导当地设施蔬菜的育苗。

一、冬春育苗技术

（一）品种类型

冬春温室大棚主要种植的有瓜果类蔬菜：西瓜、甜瓜、黄瓜、西葫芦、冬瓜等，茄果类蔬菜：西红柿、茄子、辣椒，叶菜类：小白菜、大白菜、甘蓝、生菜、薯尖、莴苣，根菜类：萝卜、胡萝卜等。

（二）育苗特点与设施要求

1. 育苗特点

长江中下游地区冬春由于温度低、日照时间短、光照强度不足、对育苗不利，容易形成烂种、沤根、僵苗、冻害等秧苗灾害，造成育苗失败，因而需要采用设施栽培技术保障育苗的高效率。

2. 设施要求

冬春育苗的设施主要是进行防寒保温设施，满足蔬菜幼苗生长的温度需求，具体到育苗的各个环节，具体的要求：利用电热温床进行土壤加温，可以根据秧苗不同生长期调节温度，同时还可以进行空气加温；利用塑料薄膜保温的同时，应保证薄膜透光后秧苗对光照的需求；塑料棚应该有利于苗床换气和调节空气湿度。

（三）育苗技术

1. 营养土准备

1.1 营养土的配制

营养土是将腐熟的有机肥料与田土按一定比例配制成的适合于幼苗生长的土壤，是一般蔬菜育苗最常用的育苗基质，应根据培养土的营养状况适当增加所需的肥料，提高床土的供肥能力，同时尽量把病虫害降低到最低程度。营养土配制的一般原则是土质疏松、养分充足，能够促进根系发育和保障秧苗生长所需营养，pH 值在 6.5～7.0 之间。

营养土的材料是菜园土、腐熟有机肥等，菜园土一般应占 30%～50%。选用菜园土时，要铲除表土，掘取新土。菜园土最好在 8 月份高温时掘取，经充分烤晒后打碎、过筛。筛好的园土用薄膜覆盖，保持干燥状态备用。有机肥料可以是猪粪渣、河泥、厩肥、草木灰、人粪尿等，其含量应占培养土的 20%～30%，所有有机肥必须经过充分腐熟后才可用。炭化谷壳或草木灰含量可占培养土的 20%～30%。谷壳炭化应适度，一般应使谷壳完全烧透，但以基本保持原形为准。此外营养土中还要加入占营养土总重 2%～3% 的过磷酸钙，增加钙和磷的含量。

目前生产上常用的营养土配方分为播种床配方和分苗床配方。常用的播种床配方为菜园土:有机肥:谷糠灰＝5:1～2:4～3 或菜园土:煤渣:有机肥＝1:1:1。分苗床配方为菜园土:有机肥:谷糠灰＝5:2～3:3～2，菜园土:有机肥:谷糠灰＝6:3:1，果菜类蔬菜育苗营养土配制时，最好再加入 0.5% 过磷酸钙。

配制营养土时将所有材料充分搅拌均匀，并用药剂消毒营养土。在播种前 15 天左右，翻开营养土堆，过筛后调节土壤 pH 值为 6.5～7.0。若土壤过酸，可用石灰调整；若土壤过碱，用稀盐酸中和。土质过于疏松的，可增加牛粪或黏土；土质过于黏重或有机质含量低时，应掺入有机堆肥、锯末等。

1.2 营养土消毒

为了预防苗期病虫害，要进行床土消毒，目前主要采用毒土消毒法。播种床在播种前撒一层毒土，然后进行播种，种子上面再撒一层毒土，消毒效果显著。移苗床毒土使用时在秧苗移入苗床前将毒土撒在移苗床的表层。

甲醛每吨土用 200～250 毫升的原液，配成 100 倍液，结合翻土，将药液均匀混拌入土内，盖塑料薄膜密闭 3～5 天后揭膜翻堆，药味散尽后播种，可灭除床土中的病原菌，防治辣椒、菜豆菌核病、黄瓜黑星病等。使用多菌灵每平方米苗床用 8～10 克药剂，与 4 千克左右细土拌匀，1/3 撒于畦面，2/3 盖种子，可防治番茄褐色根腐病，茄子褐纹病、赤星病，辣椒根腐病，冬瓜枯萎病等。使用 99% 恶霉灵 3000 倍液，每平方米畦面浇灌 2～4 升，可防治茄果类苗期病害。

2. 苗床准备

目前长江流域冬春多采用塑料大棚育苗，在棚内架设塑料小拱棚。在小拱棚内育苗，管理方便、效益高，根据需要还可以在小拱棚内铺设地热线。

2.1 苗床准备

8 米宽的大棚，按 1.6 米开厢作成 5 畦，然后架小拱棚。如果播种赤脚苗，直接在育苗畦上铺营养土或育苗基质；如用育苗盘育苗，把育苗畦作成宽 90 厘米、深 5 厘米的浅沟。40 厘米见方的育苗盘在浅沟内并排放两排，中间可以在畦的高低不平处打几个小坝，接着在育苗盘内铺盘高 2/3 的基质，平整，浇足水，使基质充分吸水，手捏有少量的水渗出即可。

2.2 铺地热线

地热线长度按大棚的长度而定，一般按宽 1 米、深 10 厘米作床，并把床内多余土壤铲出，将床底整平。然后在床底铺上 5 厘米厚的隔热层，并整平。铺地热线时在床两端按一定的距离插上小竹签，然后布线。布线时要考虑：第一，电热加温线的两根引出线处于苗床的同一端，以便连接电源。注意线与线之间不能重叠、交叉、延长或缩短，更不能打结，以防通电时烧断。布线后，接通电源，如果电热线发热，说明工作正常（电热线上覆土 2 厘米厚再放育苗钵或育苗盘）。

3. 育苗播种

3.1 播种时间

蔬菜育苗适宜的播种期一般应根据当地的适宜定植期和适龄苗的成苗时间来确定适宜播种期。即从适宜定植期起，按成苗所需天数向前推算播种期。在蔬菜种类上，对于喜冷凉的蔬菜，如结球甘蓝、花椰菜等，一般在春季土壤解冻后、10 厘米地温在 5℃～10℃时即可定植；对于番茄、茄子、辣椒、黄瓜等喜温作物，定植时 10 厘米地温应不低于 10℃～15℃。早春保护地蔬菜（如黄瓜、番茄、辣椒等）栽培，要保证在春淡季蔬菜供市，一般在 2 月中下旬定植。

3.2 种子处理

播种前进行种子处理可以实现早出苗、出齐苗，并减少苗期病害。

3.2.1 种子精选

种子精选包括种子纯度的检查、饱满度和生活力等的测定。首先，对品种的纯度（即真实性）进行检验，确定是否为生产所需的种类和品种，必要时还要测定种子的发芽率。

3.2.2 种子消毒

很多蔬菜种子表面甚至种皮内感染有很多病原菌，带菌的种子又会传染给幼苗和成株，从而导致病害的发生。消毒的方法主要有以下几种：

3.2.2.1 温汤浸种

先用常温水浸种 5 分钟，然后再用 55℃热水浸种并不断搅拌，保持水温 10 ～ 15 分钟。然后使水温降至 30℃继续浸种。不同的种子浸泡的时间不同，辣椒种子浸种 5 ～ 6 小时、茄子种子浸种 6 ～ 7 小时、番茄种子浸种 4 ～ 5 小时、黄瓜种子浸种 3 ～ 4 小时，最后捞出洗干净的种子。

3.2.2.2 热水烫种

此法一般用于表皮比较坚硬、难于吸水的蔬菜种子，如西瓜、苦瓜、茄子等。水温 70℃～ 75℃，甚至更高一些。热水烫种的技术要点是水量不宜超过种子量的 5 倍，种子要经过充分干燥。热水烫种有助于种子的吸水和透气，灭菌效果较好。70℃的水温，能使病毒钝化。烫种时要用两个容器，将热水来回倾倒，最初几次动作要快，使热气散发和提供氧气。一直倾倒至水温降到 55℃时再改为不断地搅动，并保持这样的温度 7 ～ 8 分钟。以后的步骤同温汤浸种。

3.2.2.3 药液浸种

将要处理的种子浸到一定浓度的药液中，经过 10 ～ 30 分钟的处理后取出洗净晾干的一种种子消毒方法。浸种时先将种子用水浸泡 3 ～ 6 小时，然后用清水冲洗干净药液的用量一般要超过种子量的 1 倍，应将种子全部浸没在药液中。预防番茄病毒病可先把种子放在清水中浸泡 3 ～ 4 小时，捞出稍晾干，用 10% 磷酸三钠溶液或 2% 氢氧化钠溶液浸种，均浸 20 分钟。也可用 40% 的甲醛溶液或高锰酸钾 200 倍液浸种 20 ～ 30 分钟，捞出后用清水反复冲洗至干净即可催芽。预防辣椒炭疽病、细菌性斑点病可将种子清水浸种 4 ～ 6 小时，再放入 1% 硫酸铜溶液内浸 10 分钟，然后捞出用清水冲洗干净即可催芽。预防黄瓜炭疽病、枯萎病可将黄瓜种子清水浸种 3 ～ 4 小时，放入 40% 甲醛 100 倍液中浸泡 20 分钟，然后放在湿布包中，密闭闷种 2 ～ 3 小时后用清水洗净，即可催芽。

3.3 浸种催芽

白菜、芹菜、菠菜等耐寒性蔬菜，适宜的催芽温度为 20℃ 左右，番茄、黄瓜、茄子、辣椒等喜温性蔬菜，催芽温度为 25℃ ～ 30℃，瓜果类需要 28℃ ～ 30℃。催芽初期要求温度稍低，种子开始萌动时适当提高温度，出芽后逐渐降低温度。催芽期间每隔 4 ～ 5 小时翻动 1 次种子，每天用清水清洗种子 1 遍，消除黏液。冲洗后把种子晾干再入盆，继续催芽。在适宜的条件下，白菜需 36 小时左右、黄瓜需 36 ～ 48 小时、西瓜 48 小时，茄子需 6 ～ 7 天、番茄 2 ～ 4 天、辣椒 5 ～ 6 天即出芽。为了增强幼苗的抗寒性，可将吸胀后已经萌动、但是胚根还未露出种皮的种子放到 0℃ 左右条件下，冷冻 2 ～ 3 小时，用冷水慢慢缓冻后重新催芽，进行胚芽锻炼，能增强瓜类、茄果类等喜温蔬菜秧苗的抗寒力，使种子发芽粗壮，并可加快生长发育速度。

3.4 播种

3.4.1 播种

播种方法主要有撒播、条播和点播 3 种方法。瓜类蔬菜以点播较多，在浇足底水后按方形营养面积纵横画线，把种子点播到纵横线的各个交叉点上。播种时要把种子平放于畦面上，千万不要立播种子，防止出苗"戴帽"。花椰菜、白菜、茄子、辣椒、番茄、甘蓝、黄瓜等小粒种子的蔬菜多采取撒播，为了使撒播种子在苗床上分布均匀，播种前向催芽种子中掺些河沙使种子松散。条播种子前，注意开沟不能过深，防止由于覆土过厚导致出苗困难。

3.4.2 覆土

播种后多用床土覆盖种子，而且要立即覆盖，防止晒干芽子和底水过多蒸发。盖土厚度依不同蔬菜种子大小而不同，一般为种子厚度的 3～5 倍。如果盖土过薄，床土易干，种皮易粘连，易出苗"戴帽"。盖土过厚，出苗延迟，若盖药土，宜先撒药土，后盖床土。

3.4.3 盖膜揭膜

盖土后应当立即盖膜，保温保湿。有 70% 秧苗拱土时及时揭膜，防止秧苗徒长和阳光灼苗。

4. 苗床管理

4.1 温度管理

各种蔬菜幼苗的生长发育都有适宜的温度范围。温度过低，幼苗生长缓慢或停滞，易形成僵化苗；如果温度过高，生长过快，易形成徒长苗。播种到出苗期，喜温的果菜类如番茄、茄子、黄瓜、西葫芦等，苗床适宜温度 25℃～30℃，结球甘蓝、莴苣等喜冷凉蔬菜，苗床适宜温度 20℃～25℃，此期间注意保湿，切忌浇水。幼苗出土后，打开薄膜通风，降低温度 2℃～3℃，防止秧苗徒长。幼苗从第一片真叶到 2～4 叶的苗期主要是根系发育，温度较破心阶段温度稍高，喜温蔬菜白天 25℃～28℃，夜间 15℃～18℃，保持昼夜温差，一般来说昼夜温差在 10℃左右较为适宜。成苗期秧苗的生长量加大，要保持秧苗正常生长的适宜温度。喜温蔬菜其幼苗生长和花芽分化都要求有较高的温度，但温度过高会引起幼苗徒长和花芽质量降低的后果，定植后根系对较低地温的适应时间要延长，故成苗期的适宜地温番茄、黄瓜为 15℃～17℃。

调节温度主要通过通风与保温防寒来进行。外温低时，采取小通风、断续通风、晚通风、早落风。外温高时要提前通风，通风量也可加大，特别在晴天中午，如通风量过小，育苗场所的温度骤增，秧苗叶片由于蒸腾过大遭受热害而成片倒伏，这时宜用遮盖帘使其逐渐恢复。如采取加大通风或浇凉水降温等措施反会使秧苗因根系吸收能力减弱，叶面蒸腾增大而加速死亡。如通风过早、风量过大，会引起幼苗叶片很快蜷缩或皱缩，严重时出现白边，这时可先喷上些温水，立即密闭保温，使其慢慢恢复。育苗期间连续降雪，应注意防寒保温，争取光照，不可通风。如连续降水，气温较高，必须于下雨间隙适当通风，防止幼苗徒长。另外，久雨初晴时，也不应大揭大通，因床内幼苗由于长期不见光照，气温又低，根系吸收能力弱，如一时蒸腾量加大，就会引起萎蔫以致死亡。这时应随时注意秧苗的表现，见有萎蔫现象时，在透明覆盖物上作暂时遮阴，萎蔫状态消失后除去覆盖物，如此 2 ~ 3 天后秧苗因床温升高、根系吸收能力得到恢复而解除萎蔫，之后可再逐渐加大通风量。总之，通风原则是外温高时大通，外温低时小通，一天内从早到晚的通风量是由小到大、由大到小，切不可突然揭开又骤然闭上。

4.2 湿度管理

幼苗所需水分是从床土中吸收的，床土中水分的多少影响到土壤的通透性、温度的高低和肥料的分解。床土缺水、幼苗发生萎蔫可导致光合作用下降，正常生理活动受到干扰，易使秧苗老化。若床土湿度过高，在光照不足及较高的温度条件下秧苗易徒长。在冬季和早春育苗时，如果床土水分过多，床土内通气性差，土温低，不仅影响根系发育及其吸收作用，也容易引起沤根死苗现象的发生。适于蔬菜幼苗生长的床土含水量一般为土壤最大持水量的60% ~ 80%。籽苗期由于苗小根浅不能缺水，但也不宜水分过大，浇水应在晴天午前进行，水量以达到幼苗根部为度。喷水后密闭提温，待土温升高后再通风排湿，防止土温降低发生病害。其中对根系发达、吸水力强、容易徒长的秧苗（如番茄、甘蓝等），需要适当控制以防徒长，对茄子、辣椒等生长量小、不易徒长的种类要满足其对水分的要求，促使幼苗快速苗壮成长。

成苗期秧苗根系发达，生长量加大，须有充足的水分供应，才能促进幼苗的正常发育。所以，应采取"边蹲边长"、"顶风长"和控温不控水的原则来进行水分调节。即采取增大浇水量，减少浇水次数，使土壤见干见湿。水分过多容易引起徒长，水分控制过严则秧苗趋于老化，如果水分不足，根部一旦受干旱影响不易复原，影响生长。一般在大棚内育成苗的7～8天浇1次水，成苗期浇2～3次大水。根系发达、容易徒长的种类如番茄、甘蓝类等应酌减。浇水要选择有连续晴天的上午进行，每次水量要足。

4.3 光照管理

光是蔬菜幼苗生长发育不可缺少的条件，光照强度、光照时间、光的质量都对幼苗生长发育起着重要作用。果菜类秧苗，一般在20000～30000勒克斯的照度下可基本满足培育壮苗的要求，叶菜类秧苗对光强的要求还要低些。日照时数对秧苗生育的影响与光照强度及其持续时间有关。光照时间短和光照强度较弱时，应适当降低温度、减少苗床含水量，减少浇水次数，防止秧苗的徒长。

4.4 养分管理

苗床是蔬菜秧苗吸收养分的主要来源，由于苗期秧苗密度大，生长速度快，所以在单位面积的苗床上，秧苗从床土中吸收的水分和矿质营养的总量很大，一般要求营养土富含有机质，速效氮0.015%～0.024%，速效磷0.015%～0.022%，速效钾0.01%～0.015%，pH值为5.5～7.0。秧苗生长过程中缺肥时，苗茎细、叶小，叶色变黄，应及时追肥，追肥时应选择上午追肥，可以浇水喷施速效氮肥营养液（尿素50克，硫酸钾80克，磷酸二氢钾50克，加水100千克）促进叶色转绿。

4.5 炼苗出圃

秧苗进行的适度低温、控水处理，进行低温锻炼，其目的主要是增强对不良环境的适应能力，且有利于瓜果类蔬菜的花芽分化，通常通过通风降温和减少土壤湿度进行秧苗锻炼。白天苗床温度降至20℃左右，在确保秧苗不受寒害的限度内，尽可能地降低夜间的温度，如茄果类、瓜类秧苗夜间可以降低至10℃左右。

二、夏秋育苗技术

（一）品种类型

夏秋温室大棚主要种植的有黄瓜、西红柿、茄子、辣椒、秋莴苣，秋芹菜、青花菜、松花菜等。

（二）育苗特点与设施要求

1. 育苗特点

长江中下游地区夏、秋季气候特点是高温多湿、干旱，最高气温可达40℃以上，暴雨较多，且持续时间长，对于许多不耐热的蔬菜来说不利于育苗。为了培育壮苗，需要采用黑色遮阳网和薄膜相结合的覆盖措施降温，使蔬菜苗出苗快、出苗整齐，有利于培育壮苗。

2. 设施要求

夏秋季育苗的设施主要是进行降温避雨遮阴设施，满足蔬菜幼苗生长的温度需求，具体的栽培设施有：

2.1 55%～70%遮光率的黑色遮阳网，可防强光照射，高温危害；

2.2 薄膜覆盖，可防止暴风雨冲击和减少土壤水分蒸发；

2.3 适当采用防虫网，减少各种害虫的危害。

（三）育苗技术

1. 营养土的配制

营养土的配制可直接从市场购买蔬菜专用育苗基质（例如山东鲁青基质、江苏镇江培蕾基质），或者自行配制。配制营养土的要求：肥园土6份，鸡禽粪4份，每立方米加入氮磷钾复合肥0.5～1千克，充分捣碎、捣细，过筛后充分混匀；在搅拌混合的同时喷入杀菌剂甲霜灵 70% 和杀虫剂阿维菌素 1000 倍液进行灭菌消毒，然后用薄膜盖严，经过高温发酵 7～10 天后方可使用。

2. 苗床准备

目前长江流域夏秋多采用遮阳网和塑料膜覆盖育苗。在小拱棚内育苗，管理方便，效益高。育苗床应该选择排水良好的田块，通风要好，苗畦上搭盖 1 米以上的小拱棚和遮阳网，可遮阳避雨。在苗床上铺厚度为 8～10 厘米的营养土，然后耙平，临播种前浇水以降低温度。

3. 育苗播种

3.1 播种时间

夏秋季蔬菜育苗适宜的播种期一般根据当地的适宜定植期和适龄期的成苗时间来确定适宜播种时间。如茄果类最佳播种期为 7 月 1 日至 7 月 10 日（过早播种易发生病毒病），瓜类最佳播种期为 6 月 1 日至 7 月 5 日，十字花科青花菜为 7 月至 9 月，豆类 7 月 15 日左右，全叶菜类 7 月至 9 月，甜玉米 7 月 10 日至 8 月 5 日。

3.2 种子处理

播种前进行种子处理可以实现早出苗、齐出苗，并减少苗期灾害。常用的处理方法主要有：种子精选和种子消毒等步骤。种子消毒的方法主要有以下几种：一是晒种。利用夏季日光能杀灭附着在种子表面的病原菌，晒种 1～2 次。二是药剂浸种。用清水浸种 1 小时，再用 40% 的福尔马林 100 倍液浸泡 1 小时，以清水冲洗，充分搓洗干净种子上面的黏液。

3.3 低温催芽

秋芹菜和秋莴苣要采用低温催芽，催芽温度为 6℃～8℃。催芽步骤：将种子进行筛选除杂；用温水浸种 2 天，并每天搓洗一次；种子捞出后晾干，放入纱布袋中，放入冰箱储藏室，每天翻动一次，

7 天后可继续出芽。

3.4 播种

夏秋播种除茎菜类品种如芹菜和莴苣外，多可以直接干播。播种方法主要有撒播、条播和点播 3 种方法。瓜类种子采用 72 孔硬盘或 70 孔软盘，播种方法为"点播法"，每穴一粒种子。十字花科西兰花用 200 孔穴盘，一穴一粒，播种深度 0.5～1 厘米。茄果类 5～6 片叶秧苗出圃时采用 72 孔硬盘或 70 孔软盘，4～5 片叶出圃采用 128 孔泡沫穴盘，3～4 片出圃叶采用 200 孔泡沫穴盘。芹菜、萝卜可撒播，撒播前为了使种子在苗床上分布均匀，播种前向催芽种子中掺一些河沙使种子松散，撒播方便。播种后立即用床土覆盖种子，防止晒干种子芽和底水蒸发过多。盖土厚度依不同蔬菜种子大小而不同，一般为种子厚度的 3～5 倍。如果盖土过薄，易出苗"戴帽"；盖土过厚，出苗延迟，易烂苗。

3.5 苗床管理

应选择排水良好、土层较厚、土质肥沃的地块进行育苗。苗床管理主要注重以下几个方面：

3.5.1 温度管理

不同蔬菜生长发育都有适宜的温度范围，夏秋季温度过高，秧苗生长过快，易形成徒长苗，常见蔬菜适宜生长温度见表 4－1。

表 4－1　蔬菜育苗常规温度

蔬菜种类	催芽期（℃）	天数（天）	出苗期（℃）	夜间温度（℃）
茄果类	25～30	4～5	25～30	20～25
瓜类	25～30	2～4	25～30	20～25
十字花科	20～25	2～5	20～25	20

调节温度主要是通过遮阳网进行降温，9 时以前收起遮阳网，11 时以后到 15 时打开遮阳网来进行降温调节。

3.5.2 湿度管理

幼苗生长所需水分主要是从苗床床土中吸收，苗床土中的水分含量影响到土壤的通透性和肥料的分解。苗床土缺水、幼苗发生枯萎，正常生理受到干扰，易使老苗老化。如果苗床土湿度过高，夏秋季较高温度条件下秧苗易徒长。不同蔬菜生长所需的最佳空气相对湿度见表4－2：

表4－2　蔬菜育苗适宜相对湿度

蔬菜种类	白天（%）	夜间（%）
茄果类	70～90	60～70
瓜类	80～90	70～80
十字花科	70～80	70～80

3.5.3 光照管理

夏秋季育苗光照较强，不同蔬菜光饱和点不同，在不同时段的自然光照强度有的甚至超过蔬菜的光饱和点，如茄果类，此时需要用遮阳网来调节光照强度，一般10～15时盖上遮阳网。

3.5.4 水肥管理

夏季水分蒸发快，应小水勤浇，以保持上层基质湿润，这样利于出苗；但也不能水分过大，否则易形成徒长苗。出苗后到第一片真叶长出期间，水分过多易倒伏，种苗缺水又易出现老化苗。为了抑制徒长，夏季育苗适当增加基质中肥料的浓度，幼苗在两叶一心时喷1～2次叶面肥磷酸二氢钾800倍液以减缓徒长。高温高湿的气候条件容易诱发病虫害，为了有效防控，可喷2次甲霜灵1000倍液、啶虫脒3000倍液，抑制病虫害发生。

4. 成苗出圃

幼苗经过培育，达到商品苗的标准就可以出圃进行移栽，商品苗标准为：子叶完整、茎秆粗壮、叶片浓绿、无病斑且节间短，株高 12 ～ 15 厘米。蔬菜幼苗出圃前应进行适当炼苗，夏秋季幼苗长至一叶一心时开始炼苗，逐渐缩短遮阳时间，达到秧苗生长健壮的要求。不同类型商品苗夏秋季出圃标准见表 4—3。

表 4—3　种苗夏秋季出圃标准

蔬菜种类	苗龄	天数（天）
瓜类	两叶一心	13 ～ 18
茄果类	四叶一心	30 ～ 40
十字花科	三叶一心	25 ～ 28
甜玉米	两叶一心	10 ～ 15

三、工厂化育苗技术

与传统育苗相比，工厂化育苗在育苗设施、育苗技术、环境控制、种苗产品的全程信息溯源管理等方面具有极大的优势，生产的种苗具有根系发达、生长健壮、病虫害少、移栽易成活等优点，在种苗的生产中占据重要地位。

（一）育苗时期确定

一般根据不同蔬菜品种的苗期生育时间，提前安排蔬菜种子播种时间。蔬菜苗期生长时间为瓜类自根苗冬春季 40 ～ 45 天，夏秋季 12 ～ 15 天；茄果类冬春季 40 ～ 50 天，夏秋季 25 ～ 35 天；甘蓝类苗期 35 ～ 40 天，青花菜 30 ～ 35 天。

（二）育苗基质配制

1. 育苗基质的选择

育苗基质选则应遵循以下原则：

其一，尽量选择当地资源丰富、价格低廉的物料；

其二，保肥能力强，能供给根系发育所需养分，并避免养分流失；

其三，保水能力好，避免根系水分快速蒸发干燥；

其四，透气性佳；

其五，不易分解，利于根系穿透，能支撑植物；

其六，比重小，便于运输。

常用蔬菜育苗基质为混合基质，由草炭土、蛭石和珍珠岩按一定的比例混合而成。

2. 育苗基质的配制

配制的育苗基质应具有良好的物理性质，容重小于或等于1，总孔隙度大于60%，气水比1：（2～4），其化学特性要求EC值为0.55～0.75，pH值为5.5～6.8。一般按照草炭土：蛭石：珍珠岩＋碳酸钙（克/升）＋水溶性多元肥（克/升）准备基质。基质的配比，在夏季蛭石与珍珠岩的比例20%左右；冬季为25%～30%。对于叶菜类蔬菜，水溶性多元复合肥应选择无磷或低磷的品种，对于茄果类则要保证使用水溶性磷含量较高的复合肥。基质配比混合各种成分时，避免把基质搅碎，影响水分吸收。初始基质的相对含水量以60%～65%，形态标准为手握成形，可以捏出水滴，向上抛即散。

3. 育苗基质的消毒

育苗基质常用蒸汽消毒和化学药剂消毒。蒸汽消毒是将基质装于箱内，用通气管通入蒸汽进行密闭消毒，一般70℃～90℃条件下15～30分钟即可。化学药剂使用甲醛40倍液每平方米喷洒20～40升后将基质混匀，用塑料覆盖24小时以上，使用前风干2周左右，消除药物残留。

（三）育苗穴盘选择

一般塑料穴盘的尺寸为54厘米×28厘米。为提高单位面积的成苗量，生产中以培育中小苗为主。由于穴盘育苗的根系是被限制在单个穴孔中，秧苗之间相遮阴，苗易徒长较弱。合理地选择穴盘，可以避免幼苗徒长。瓜类苗多采用 50 孔、72 孔穴盘，茄果类蔬菜采用 128 孔、100 孔穴盘，叶菜类蔬菜如生菜多采用 128 孔穴盘。不同种类的蔬菜种苗的穴盘选择和种苗的大小见表 4－4。

表4－4　不同规格穴盘育苗蔬菜种苗的真叶数量

蔬菜种类	穴盘规格		
	128 穴	72 穴	50 穴
冬春茄子	4～5 片	6～7 片	—
冬春辣椒	8～10 片	—	—
冬春番茄	4～5 片	6～7 片	—
黄瓜	—	3～4 片	5～6 片
夏播芹菜	5～6 片	5～6 片	—
生菜	4～5 片	—	—
甘蓝	5～6 片	—	—
西兰花	5～6 片	—	—
西瓜	—	3～4 片	5～6 片
南瓜	—	3～4 片	5～6 片

（四）育苗播种

1. 种子处理

播种前进行种子的筛选，除去混杂种子和不饱满的种子，以达到提高发芽率的目的。经筛选的种子进行消毒处理，去除种子携带的病原菌和虫卵。

1.1 温汤浸种

将种子放入 50℃～60℃温水中，搅拌种子 20～30 分钟，至水温降至室温时停止搅拌，然后在水中浸泡一段时间，漂去瘪籽，用清水冲洗干净后晾干。不同蔬菜种子温水处理温度与时间见表 4－5。

— 87 —

表4-5　蔬菜种子温汤浸种温度与时间

蔬菜类型	水温（℃）	时间（分）
番茄	50～55	30
辣椒	50～55	30
茄子	55～60	30
瓜类	55～60	30
芹菜	48～50	25
甘蓝	45～50	20
西兰花	45～50	20

1.2 药剂处理

用清水浸泡种子 2～4 小时后再置入药剂中进行处理，然后再用清水清洗干净，风干后备用。药剂使用方法及病害防治见表4-6。

表4-6　化学药剂处理种子方法及防治病害

蔬菜种类	病害	药剂	药液浓度（倍）	浸泡时间（分）
番茄	病毒病	40%磷酸三钠或氢氧化钠	10 50	20 15
辣椒	早疫病	40%甲醛	100	15～20
	病毒病	40%磷酸三钠	10	20
	炭疽病	硫酸铜	100	5
	细菌性斑点病	硫酸铜	100	5
茄子	褐纹病	40%甲醛	300	15
黄瓜	枯萎病	50%多菌灵或40%甲醛	500 150	60 90

2. 浸种催芽

对瓜类较厚种皮，一般浸种 6 个～8 个小时，用水量是种子的 3

倍。将浸泡好的种子，晾干至无明水时，用吸水较强的布包好，放至恒温箱催芽。待芽率达70%时，拿出发芽室准备播种。对于茄果类、十字花科等较薄种皮的种子，不需要浸种，可直接干籽播种。

3. 播种

可以采用人工播种或机械播种两种方式。人工播种时，一穴一粒，按顺序播种，不漏播、重播。采用机械播种，要求提前做好穴盘、基质、种子的准备，提高播种机速度。

4. 苗床管理

4.1 温度管理

温室大棚的温度管理遵循"三高三低"原则，即白天温度高，晚上温度低；晴天温度高，雨天温度低；出苗前和移植成活前高，出苗后和移植成活后低。温室的温度在育苗期生长温度不低于15℃，注意保持昼夜温差在8℃～10℃左右，防止夜间温度过高，形成徒长苗，各种不同蔬菜的温度管理见表4-7。

表4-7　幼苗期温度管理标准（℃）

蔬菜种类	幼苗期		成苗期	
	白天	夜晚	白天	夜晚
茄子	25～28	18～21	24～28	13～20
甜、辣椒	25～28	18～21	24～28	13～20
番茄	20～23	15～18	18～24	13～15
黄瓜	25～28	15～16	24～28	12～15
甜瓜	25～28	17～20	21～24	15～19
西葫芦	20～23	15～18	18～21	12～15
西瓜	25～30	18～21	21～27	16～20
甘蓝	18～22	12～16	16～21	10～16
芦笋	25～30	18～21	21～27	14～16
芹菜	18～24	15～18	15～23	12～15

4.2 湿度管理

湿度管理是育苗成败的关键，根据育苗期间基质的含水量和空气的相对湿度进行水分管理。每天浇水时间在9～10时完成，保障下午种苗叶片干燥。下午浇水过晚，叶片积水，易使棚内相对湿度升高，容易产生病害。每次浇水至穴孔有水流出为止，根据天气来判断浇水量的多少，晴天多浇水，阴雨天少浇水或不浇水。水分控制保持见干见湿，待基质发白但苗叶片未失水再浇水。注意水分的均匀管理，常因边际效应或人工洒水的不均匀，会使同盘中的种苗长势不一，应及时调整穴盘的位置促使幼苗生长均匀。

4.3 养分管理

对种苗的施肥采用"薄肥勤施"原则，施肥前与施肥后定期检查基质的pH值、EC值。苗期控制基质pH值6.2，EC值0.8左右。在子叶展开前，主要以补水或浇水为主，不需补施肥料；子叶平展至真叶阶段，开始施肥，肥料前期一般用三元复合肥（氮∶磷∶钾）14∶10∶14与20∶10∶20肥料交替使用，浓度为800～1500倍液。后期施用含磷钾高的三元复合肥（氮∶磷∶钾）肥料：9∶15∶15、17∶5∶17，浓度控制在600～800倍液。同时，根据苗情长势，可以喷施叶面肥料及尿素、磷酸二氢钾肥料。

4.4 光照管理

光照条件直接影响秧苗的素质，秧苗干物质的90%～95%来自于光合作用。由于冬春低温寡照的气候特点，使得室内的光照减弱，在阴雨天时间长时，还要及时补光。当种苗长大后叶片会相互拥挤，需及时疏盘，拉开每盘之间的距离。

4.5 种苗分级

种苗在生长过程中，为了方便管理，常进行两次种苗分级。第一次分级时间在两片真叶展平时，将穴盘中没发芽的基质挑除，去除双株苗或多株苗，确保一穴一苗。第二次移苗，是在种苗封盘时

（出圃前十天左右），剔除大小不一致的种苗，同时移苗将空缺的穴孔补齐。

4.6 炼苗

种苗在移出温室之前必须进行炼苗，以适应定植地点的环境。如果幼苗定植于没有加热设施的塑料大棚内，应提前 3 ～ 5 天降温、通风、炼苗；定植于露地无保护设施的幼苗，必须严格做好炼苗工作，定植前 7 ～ 10 天逐渐降温，使温室内的温度逐渐与露地相近，防止幼苗定植时因不适应环境而发生冻害。低温锻炼适宜温度为：西红柿、西葫芦白天 15℃～ 8℃，晚上 5℃～ 8℃；茄子、辣椒、黄瓜、西瓜白天 18℃～ 20℃，晚上 8℃～ 10℃；甘蓝类白天 12℃～ 15℃，晚上 3℃～ 4℃。

5.出圃运输

幼苗移出育苗温室前 1 ～ 2 天应施一次肥水，并进行杀菌、杀虫剂的喷洒，做到带肥、带药出圃。目前主要采用带盘装箱的出圃方式。装箱时注意每盘苗放好后封箱，箱上标明客户、品种、装箱人员的字样。并详细记录好每一箱的种苗情况，以便后查。

四、嫁接育苗技术

嫁接就是将一种植物的枝或芽接到另一株带根系的植物上，使这个枝或芽接受另一植物提供营养而生长发育，这个枝或苗称作接穗，承受接穗的植株称为砧木。蔬菜育苗采用嫁接技术可以解决连作障碍，减少病虫危

害，提高接穗的抗逆性，促进幼苗的健壮生长。目前瓜果类蔬菜嫁接主要在子叶苗的下胚轴进行，采用插接、靠接、切接等方法；茄

果类在幼苗的上胚轴或幼茎上进行，采用劈接、靠接、插接等方法。

（一）砧木的选择

砧木的选择是嫁接育苗的前提，关系到育苗的质量，并影响蔬菜后期的产量和品质。

1. 砧木选择的原则

1.1 与接穗亲和力强

与接穗亲和力强是选择砧木的首要条件，以保证嫁接后能够成活，植株生长正常。一般而言，亲缘关系越近，亲和力越强，但是，亲和力强弱也有与亲缘关系远近不一致的情况。

1.2 抗病虫能力强

减少病虫危害是嫁接栽培的主要目的之一，因此，选择砧木时，首先应考虑针对何种病虫害、病虫害的发生程度以及病原菌和害虫的类群，尤其对某些土传病虫害应免疫或高抗，同时兼顾其他优势以及与接穗的抗性互补。

1.3 逆境适应能力强

优良砧木应具有耐旱、耐涝、耐热、耐寒、耐盐碱、耐贫瘠等特点，从而提高嫁接苗的逆境适应能力。不同砧木存在抗性差异，必须考虑栽培地的气候和土壤条件，达到最佳的效果。

1.4 具有良好的生长特性

砧木应具有良好的生长特性，根系发达、适应性强，吸收肥水能力强，长势旺盛，嫁接后能显著促进接穗的生长发育和开花结实，不会发生生理性异常。

1.5 对产品品质无不良影响，便于大量繁殖

（二）常见蔬菜砧木及其特点

1. 黄瓜砧木

黄瓜嫁接主要以南瓜为砧木，国内目前主要用黑籽南瓜，其次

是杂种南瓜。

1.1 黑籽南瓜

子叶肥大，下胚轴粗短，便于嫁接。嫁接及共生亲和性好，高抗枯萎病及疫病，根系发达，吸收能力强，低温伸长性好。缺点是幼苗生长速度快，适宜嫁接时间较短，易感染白粉病，种子有一定休眠特性。

1.2 中国南瓜

亲和性和生产性能品种间差异较大。许多品种如洛阳白籽圆南瓜、西安墩子南瓜、青岛拉瓜等均可作砧木。日本南瓜白菊坐亲和性强根系耐湿、耐高温、低温，抗枯萎病。

1.3 杂种南瓜

是印度南瓜和中国南瓜的种间杂种，包括新土佐、超级新土佐、铁甲等系列品种。新土佐嫁接亲和性好，耐低温，耐热，抗枯萎病，促进生长，延长生育期，但高温下易感染病毒病。

1.4 印度南瓜

品种间亲和性差异大，多数嫁接黄瓜雌花节位升高，生产性能较差。但南砧 1 号幼苗髓腔小，纤维化程度低，适宜嫁接时间长，嫁接与共生亲和性好，抗枯萎病，抗逆境，适宜作黄瓜砧木，但对品质影响不稳定，高温下易产生南瓜味。

1.5 美洲南瓜

用金丝瓜嫁接黄瓜亲和力强，成活率高、根系低温伸长性好，嫁接苗生长势强。

1.6 多刺黄瓜

朝鲜安东地区地方品种，嫁接亲和性好，抗根结线虫，耐旱、耐湿，促进生长，低温下易获得高产。但抗枯萎病能力较弱，发芽和长势不太整齐。

2. 西瓜砧木

西瓜砧木主要有葫芦、南瓜、冬瓜和共砧，常用的是葫芦和南瓜。

2.1 葫芦

包括瓠瓜，是理想的西瓜砧木。嫁接亲和力强，共生亲和性好，耐低温、干旱，抗枯萎病，对根结线虫、黄守瓜有一定耐性，根系发达，长势稳定，对品质影响小。缺点是易染炭疽病和葫芦枯萎病，种皮较厚，吸水困难，种子萌发较慢。日本育成系列砧木品种，如相生、协力等品种，我国育成的优良砧木品种有华砧 1 号、华砧 2 号、超丰 F1、京欣砧 1 号以及地方品种孝感瓠瓜、杭州长瓠瓜等。

2.2 南瓜

中国南瓜根系发达，吸肥力强，抗炭疽病、枯萎病和急性凋萎病，低温下生长好，嫁接苗长势旺盛，丰产。但亲和性和抗枯萎病能力因种类和品种而异，常产生一定比例的共生不亲和株，不抗白粉病，尤其是利用长势旺盛的南瓜作砧，容易导致果实品质变劣。常用的中国南瓜有白菊坐、金刚、壮士等。杂种南瓜如新土佐、青研砧木 1 号等，嫁接和共生亲和力强，低温伸长性好，根系发达，长势强，抗枯萎和急性凋萎，耐高温、低温，早熟丰产，对品质无明显影响。但与多倍体西瓜嫁接时常表现不亲和或亲和性差。黑籽南瓜亲和性不稳定，有时对品质影响较大。美洲南瓜中的金丝瓜与西瓜嫁接亲和性好，低温伸长性强，抗枯萎和急性凋萎，品质稳定，但耐旱性稍差。印度南瓜嫁接西瓜根系发生长势强，抗早衰，易坐果和提高产量，但瓜皮较厚。

2.3 冬瓜

嫁接亲和性较好，抗枯萎和急性凋萎，根系发达，吸收力强，耐旱、耐高温，结果稳定，畸形果少。但胚轴较细，嫁接操作不便，嫁接苗低温下长势弱，初期生长慢，开花坐果晚，不适合早熟栽培。

2.4 共砧

主要是野生西瓜。亲和力强，成活率高，生长性能好，适应性较强，抗线虫和葫芦枯萎病，结果稳定，品质优。但不抗西瓜枯萎病，长势不如其他类型砧木，低温下生长慢，嫁接操作不便。常见砧木有日本的强刚、鬼台，美国的圣奥力克和我国的西域砧、勇士等。

3. 甜瓜砧木

以南瓜为砧木有利于提高接穗抗性，促进生长，提高产量。但采用共砧嫁接亲和性好，对果实品质无不良影响。

3.1 南瓜

耐热，抗甜瓜枯萎病，根系吸收能力强，低温下生长好，增产潜力较大。不同种和品种的嫁接和共生亲和力以及对品质的影响不同，以杂种南瓜较适宜。日本研究表明，甜瓜以中国南瓜和杂种南瓜为砧木嫁接，网纹甜瓜宜选用杂种南瓜或共砧。

3.2 冬瓜

嫁接亲和力强，喜温，耐热，抗枯萎病，根系发达，吸收能力强，土壤适应力广，长势稳定，不易徒长，果实品质较好。但不耐低温，定植初期生长缓慢，结果晚，适于高温季节栽培。

3.3 共砧

是高抗枯萎病的甜瓜品种或专用砧木。嫁接和共生亲和性好，抗枯萎病能力、低温生长特性和长势强于自根苗，结果稳定，对品质无不良影响，适于发病较轻的土壤栽培，多用网纹最佳、绿宝石、大井等适于温室甜瓜，园研 1 号等可作大棚甜瓜专用砧木。

4. 其他瓜类砧木

4.1 西葫芦

西葫芦嫁接的主要目的是增强对低温适应能力，提早成熟，延长生育期，提高产量。选择砧木以黑籽南瓜最佳，杂种南瓜次之。

4.2 苦瓜

丝瓜嫁接苦瓜亲和性好，成活率高，根系粗壮，生长势强，耐旱、耐涝、抗枯萎病，耐根结线虫，高产优质。普通丝瓜或有棱丝瓜均可，多为地方品种，如宜春肉丝瓜、泰和肉丝瓜等。中国台湾农友公司育成的苦瓜专用砧木双依，黑籽南瓜和中国南瓜壮士也可作砧木。

4.3 冬瓜

冬瓜砧木必须具有抗冬瓜枯萎病，亲和力强，高产，不影响品质等优点，可选用中国南瓜如猪头南瓜、白菊坐等。

4.4 丝瓜

可选用黑籽南瓜作为砧木。

5. 番茄

番茄砧木主要来源于其近缘野生种及杂交后代。荷兰、日本等国曾育成许多专用砧木品种，如 KNVF、BF 兴津 101、LS－89、耐病新交 1、超级良缘、博士 K、磁石等。

5.1 LS－89

抗青枯病、枯萎病，幼苗早期生长速度中等，茎较粗，易嫁接，吸肥力和生长势强，适于设施和露地栽培。

5.2 BF 兴津 101

抗青枯病、枯萎病，幼苗早期生长速度较慢，茎较细。嫁接苗吸肥力和生长势中等，不影响果实品质，适于设施和露地栽培。

5.3 斯库拉姆

杂交种，抗枯萎病、根腐枯萎病、黄萎病、褐色根腐病、病毒病和根结线虫病，吸肥力和生长势强，但幼苗茎较细，早期生长速度较慢，为设施专用砧木。

6. 茄子

茄子砧木通常为对土传病害高抗或免疫的野生茄及杂交种。

6.1 托鲁巴姆

野生茄，亲和性好，成活率高，对青枯病、黄萎病、枯萎病和根结线虫病高抗，根系发达，吸收力强，耐热、耐旱、耐湿，生长势强，高产优质。但种子休眠性强，发芽困难，且幼苗初期生长缓慢，适于多种栽培形式，尤其在黄萎病重发区。

6.2 刺茄（CRP）

野生茄，嫁接亲和力强，高抗青枯、黄萎、枯萎和根结线虫等土传病害，根系发达，耐涝，生长旺盛，产量高，品质优，但种子休眠性较强，幼苗初期生长缓慢，适于设施栽培。

6.3 赤茄

野生茄，嫁接亲和力强，高抗枯萎病，中抗黄萎病，较耐寒、耐热，低温下生长性好，根系发达，茎秆粗壮，节间较短，生长势强，高产，果实品质优，适于多种栽培。

6.4 蒙古毛茄

野生茄，嫁接亲和力强，抗枯萎病、黄萎病和根结线虫病，耐寒、耐旱、耐涝，节间较长，嫁接方便，种子易发芽，初期生长快，嫁接后长势强，产量高，品质好。

7. 辣椒

目前砧木很少，多为抗病共砧，尖椒类型可选用PFR－K64、PFR－S64、S279等作砧木，甜椒类型可选用土佐绿B。这些砧木嫁接亲和力和抗病力强，根系发达，长势旺盛，对品质无不良影响。

（三）嫁接方法

1. 靠接

靠接适用于黄瓜、甜瓜、西瓜、西葫芦、苦瓜等蔬菜，尤其应用胚轴较细的砧木嫁接，以黄瓜、甜瓜应用较多。嫁接适期为砧木子叶全展，第一片真叶显露；接穗第一片真叶始露至半展。嫁接过早，幼苗太小操作不方便；嫁接过晚，成活率低。砧穗幼苗下胚轴长度 5～6 厘米利于操作。

嫁接时首先将砧木苗和接穗苗的基质喷湿，从育苗盘中挖出后用湿布覆盖防止萎蔫。取接穗时在子叶下部 1～1.5 厘米处呈 15～20 度角向上斜切一刀，深度达胚轴直径 3/5～2/3；去除砧木生长点和真叶，在其子叶节下向 0.5～1 厘米处呈 20～30 度角向下斜切一刀，深度达胚轴直径 1/2，砧木、接穗切口长度 0.66～0.8 厘米。最后将砧木和接穗的切口相互靠插在一起，用专用嫁接夹固定或用塑料条带活结绑缚。将砧穗复合体栽入基质，保持两者根茎距离，以利于成活后断茎去根。靠接苗易管理，成活率高，生长整齐，操作容易。但此法嫁接速度慢，接口需要固定物，并且增加了成活后断茎去根工序，接口位置低，易受土壤污染和发生不定根，幼苗搬运和田间管理时接口部位易脱离。

2. 插接

适用于西瓜、黄瓜、甜瓜等蔬菜嫁接，尤其是应用胚轴较粗的砧木种类。接穗子叶全展，砧木子叶展平、第一片真叶显露至初展为嫁接适宜时期。嫁接时首先喷湿接穗、砧木内基质，取出接穗苗；砧木在操作台上，用竹签剔除其真叶和生长点。去除真叶和生长点要求干净彻底，减少再次萌发，并注意不要损伤子叶。左手轻拿子叶节，右手持一根宽度与接穗下胚轴粗细相近、前端削尖略扁的光滑竹签，紧贴砧木一片子叶基部内侧向另一片子叶下方斜插，深度 0.5～0.8 厘米，竹签尖端在子叶节下 0.3～0.5 厘米处出现，但不要穿破胚轴表皮，以手指能感觉到其尖端压力为度。插孔时要避开砧木胚轴的中心空腔，插入迅速准确，竹签暂不拔出。然后用左手拇指和无名指将接穗两片子叶合拢捏住，食指和中指夹住其根部，右手持刀片在子叶节以下 0.5 厘米处呈 30 度角向前斜切、切口长度 0.5～0.8 厘米。接着从背面再切一刀，角度小于前者，以划破胚轴表皮、切除根部为目的，使下胚轴呈不对称楔形。切削接穗时速度要快，刀口要平、直，并且切口方向与子叶伸展方向平行。拔出砧木上的竹签，将削好的接穗插入砧木小孔中，使两者密接。砧木、接穗叶伸展方向呈"十"字形，以利于见光。插入接穗后用手稍晃动，以感觉比较紧实、不晃动为宜。

插接时，用竹签剔除其真叶和生长点后亦可向下直插，接穗胚轴两侧削口可稍长。直插嫁接容易成活，但往往接穗易由髓腔向下，易生不定根，影响嫁接效果。

插接法砧木苗无须取出，减少嫁接苗栽植和嫁接夹使用等工序；也不用断茎去根。嫁接速度快，操作方便，省工省力；嫁接部位紧靠子叶节，细胞分裂旺盛，维管束集中，愈合速度快，接口牢固，砧穗不易脱裂折断，成活率高；接口位置高，不易再度污染和感染，防病效果好。但插接对嫁接操作熟练程度、嫁接苗龄、成活期管理水平要求严格，技术不熟练时嫁接成活率低，后期生长不良。

3. 劈接

劈接是茄子嫁接采用的主要方法。砧木和接穗约5片真叶时嫁接。嫁接5～6天适当控水促使砧穗粗壮，嫁接前2天一次性浇足水分。嫁接时首先将砧木于第二片真叶上方截断，用刀片将茎从中间劈开，劈口长度1～2厘米。接着将接穗苗拔出，保留两片真叶和生长点，用锋利刀片将其基部削成楔形，切口长亦为1～2厘米，然后将削好的接穗插入砧木中，用夹子固定或用塑料条带活结绑缚。番茄劈接砧木和接穗约5片真叶时嫁接。保留砧部第一片真叶切除上部茎，从切口中央向下垂直纵切一刀、深1～1.5厘米。接穗于第二片真叶处切断，并将基部削成楔形，切口长度与砧木切缝深度相同。最后将削好的接穗插入砧木切缝中，两者密接，加以固定。砧木苗较小时可于子叶节以上切断，然后纵切。劈接法砧穗苗岭均较大，操作简便，嫁接成活率高。

4.贴接

贴接法适用于瓜类和茄果类。贴接适宜嫁接时期为瓜类蔬菜砧木、接穗子叶充分展平，真叶显露（茄果类蔬菜长至 4～6 片真叶）瓜类贴接时将砧木的一片子叶连同生长点斜切掉，切面长度 0.5～1 厘米，在接穗与子叶平行方向的胚轴上距子叶 0.5～1 厘米处削成相应切面，将砧穗切口对齐，用嫁接夹固定。茄果类蔬菜砧木第一片或第二片真叶上方成 30 度角斜切，去掉顶部，切面长度 1～1.5 厘米，将接穗拔出，保留顶部 2～3 片真叶切除下端，斜面与砧木对应，砧木穗切面对齐，用嫁接夹固定。

贴接法操作简单，速度快，效率高，适于大批量嫁接，但不如劈接法愈合牢固。

5.套管嫁接

嫁接适期为瓜类蔬菜砧穗子叶刚刚展开，下胚轴长度 4～5 厘米，茄果类蔬菜砧穗 2～3 片真叶。

嫁接时，在瓜类砧木的下胚轴，茄果类砧木的子叶或第一片真叶上方沿其伸长方向成 25～30 度角切断，套上专用支持套管，其上端斜面与砧木斜面方向一致；在瓜类接穗下胚轴上部，茄果类接穗子叶或第一片真叶上方，按同样角度斜切；沿着与套管斜面相一致的方向将接穗插入，使砧穗切面很好地压附接合在一起。

（四）砧木和接穗的准备

1.播期和苗龄

接穗通常为生产主栽品种，根据栽培季节和方式、气候和土壤条件、市场需求和消费特点等选择，应具有高产、优质、多抗、便于嫁接等特点。由于蔬菜嫁接后需要通过 7～10 天的愈合缓苗期，加之刚成活的幼苗生长缓慢，因此，嫁接育苗的苗龄应比常规育苗长，接穗的播期也应比常规育苗提前 1～2 周。蔬菜嫁接对砧穗苗龄要求严格，为了使两者同时达到适宜的大小，需要根据其发芽和前期生长特性、嫁接方法、苗期环境条件等合理安排播期。常见蔬菜嫁接育苗砧穗播种时间见表4-8。

表4-8　主要蔬菜嫁接育苗砧穗播种时间

接穗	砧木	砧木播种时间（与接穗相比）			
		靠接	顶插接	劈接	贴接
黄瓜	南瓜	晚播3～4天	早播3～4天	早播3～4天	早播3～4天
西瓜	瓠瓜	晚播5～7天	早播5～7天	早播5～7天	早播5～7天
甜瓜	南瓜	晚播3～4天	早播3～4天	早播3～4天	早播3～4天
茄子	赤茄	早播5～7天	早播5～7天	早播5～7天	早播5～7天
茄子	耐病VF	早播3～5天	早播5～7天	早播3～5天	早播3～5天
茄子	刺茄	早播20～25天	早播30～35天	早播20～25天	早播20～25天
茄子	托鲁巴姆	早播25～30天	早播30～40天	早播25～30天	早播25～30天
番茄	LS～89	同时播种	早播7～10天	早播3～7天	早播3～7天

2. 播种及播种后的管理

考虑嫁接成活率因素，一般接穗的播种量应比计划用苗数增加10%～20%，砧木的播种量又要比接穗增加10%～20%。砧木和接穗播前种子处理同常规方法。有些砧木的种子由于休眠性强或种皮厚，透气、透水性差，发芽困难，需要采取一些特殊处理以提高发芽率。如黑籽南瓜、托鲁巴姆和刺茄等，休眠性强，催芽前需用一定浓度的赤毒素溶液浸泡，以打破休眠；瓠瓜种皮较厚，吸水困难，种子萌发慢，出芽不齐，可用高温烫种和人工破壳催芽法。

种子催芽露白后及时播种，创造适宜的温度、湿度条件，促进出苗。幼苗出土后应加强管理，培育适龄壮苗。嫁接前1～2天，适当降温炼苗，并喷药防病，为嫁接做好准备。

（五）嫁接苗的管理

1. 愈合期管理

蔬菜嫁接愈合一般需要 8～10 天，嫁接苗愈合好坏、成活率高低与嫁接后的环境条件和管理有直接相关。高温、高湿、中等强度光照条件愈合较快，因此嫁接完成后，应立即将幼苗转入拱棚，创造良好的环境条件，促进接口愈合和嫁接成活。

1.1 光照管理

嫁接的接口愈合过程中，应尽量避免阳光直射，幼苗失水萎蔫，一般需遮光 8～10 天。前 3 天全天遮光，但要注意见散射光，避免黄化。3 天后早晚不再遮光，让幼苗见弱光，以后逐渐延长见光时间。7 天后只在中午强光下临时遮光；待接穗新叶长出，去除遮阳网，进行常规管理。

1.2 温度管理

嫁接后保持较常规育苗稍高的温度可以加快愈合。瓜类蔬菜嫁接苗愈合适温为白天 25℃～28℃，夜间 18℃～22℃；茄果类蔬菜为白天 25℃～26℃，夜间 20℃～22℃。为保证嫁接初的适宜温度，低温季节育苗要配备增温和保温设备，高温季节育苗应采取降温措施。特别是嫁接后 3～4 天内，温度应控制在适宜范围，8～10 天叶片恢复生长后进入正常管理。

1.3 湿度管理

嫁接愈合成活期应保持较高的空气湿度，将接穗水分蒸腾减少到最低限度，若环境低湿度会因接穗蒸腾强烈而萎蔫，影响成活。幼苗嫁接完成后应立即将基质浇透水，将幼苗移入拱棚内，用塑料薄膜覆盖，喷雾保温。前 3 天相对湿度接近饱和状态，4～6 天结合通风适当降低湿度，成活后转入正常管理。基质水含量控制在最大持水量的 75%～80% 为宜。喷雾时配合喷洒杀菌剂，可以提高幼苗抗病性、减少病原菌侵染，促进伤口愈合。

1.4 通风管理

嫁接后的前 3 天一般不通风，保温保湿；3 天后视蔬菜种类和幼苗生长状况，选择温暖且空气湿度较高的傍晚和清晨每天通风 1～2 次，通风量逐渐加大，时间逐渐延长；10 天左右幼苗成活后，进入常规管理。

2. 成活后管理

嫁接苗成活后的管理与常规育苗基本相同，但结合嫁接苗自身的特点，需要做好幼苗分级、断根（靠接等方法）、去萌蘖、去嫁接夹等工作，从而保证嫁接的质量。

2.1 断根

嫁接育苗主要利用砧木的根系，采用靠接等嫁接的幼苗仍保留接穗的完整根系，待其成活以后要在靠近接口部位下方将接穗胚轴或茎剪断，一般下午进行较好。刚刚断根的嫁接苗若中午出现萎蔫可临时遮阳。断根前一天最好先用手将穗胚轴或茎的下部捏几下，破坏其维管束，这样断根之后更容易缓苗。断根部位尽量上靠接口处，以防止与土壤接触重生不定根引起病原菌侵染失去嫁接防病意义。为避免切断的两部分重新结合，可将接穗带根下胚轴再切去一段或直接拔除。断根后 2～4 天去掉嫁接夹等束缚物，对于接口处生出的不定根及时检查去除。

2.2 去萌蘖

砧木嫁接时去掉其生长点和真叶，但幼苗生长过程中会有萌蘖发生，在较高温度和湿度条件下生长迅速与接穗争夺养分，影响愈合成活速度和幼苗生长发育；另一方面会影响接穗的果实品质，失去商品价值。所以，从通风开始就及时检查和清除所有砧木生出的萌芽，保证接穗顺利生长。

2.3 其他

幼苗成活后及时检查，除去未成活的嫁接苗。成活嫁接苗分级管理。对成活稍差的幼苗以促为主，成活好的幼苗进入正常管理。随幼苗生长逐渐拉大苗距，避免相互遮阳。

五、温室育苗自动覆膜控温移动苗床

自动覆膜控温移动苗床主要包括两大系统：一是自动卷收、覆膜机构（由管状电机驱动的自动卷覆膜机构，可以实现苗床上塑料薄膜的自动卷收和覆盖）；二是加热、自动控温系统（由电热膜、温控器和感温探头组成，可实现苗床加热、保温、断电的自动控制）。

（一）装置技术特点

1. 节能降耗显著。在苗床上部构建出一个相对独立的温室"小环境"，使热能得到充分、有效地利用（若需进行 CO_2 施肥成效应更加明显）；

2. 提高作业效率。系统自动完成塑料薄膜的卷收和覆盖，减少人工管理；

3. 通过对各苗床"小环境"的精准、自动、柔性化控制，可快速响应市场的多样性产品需求，提升设施利用率和产品质量。

（二）自动卷覆膜装置总体结构

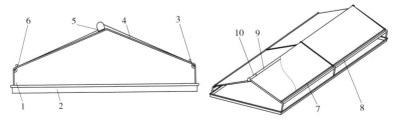

1.支架　2.苗床边框　3.卡坐　4.塑料薄膜　5.轴承坐
6.滚轮　7.牵引杆　8.导向杆　9.卷管　10.管状电机

图1　自动卷覆膜装置总体结构示意图

（三）装置工作原理

1. 自动卷覆膜装置

自动卷覆膜装置安装固定在移动苗床上。

卷覆膜卷管安装在支架顶面中间处；双层塑料薄膜卷绕卷管数圈后向卷管左右两侧分别引出左、右单层薄膜；左、右单层薄膜的端部分别固定在位于卷管左右两侧的牵引杆上。

支架左右两侧的棚肩处各安装有与卷管平行的导向杆，使得左、右侧薄膜的走向分别与支架左右两侧的构形一致。

卷管端部空腔中安装有管状电机，其输出轴与卷管固定连接，通过控制管状电机的正反向转动，卷管可同时对左、右侧薄膜进行卷绕或释放，从而实现塑料薄膜的卷收或覆盖。

2. 加热、保温及温控系统

该装置配套安装有电加热膜、温度传感器、温控仪等电器原部件，可在冬季、早春温室育苗时对苗床小环境进行加温、控温。电热膜最高加热温度可达50℃；温控仪设置在苗床两端，温控容差：±0.7℃，温控范围：10℃～60℃。

苗床垫层共分为5层，从下至上安装过程如图2所示：首先铺设厚度为30毫米的棉垫，并粘贴一面附有锡箔纸的保温材料，作为隔热反射层，隔绝内外热交换，随后铺设远红外线电热膜，其上覆盖防水塑料薄膜，最后用无纺布固定。

图2　苗床垫层结构图

3. 相关图片

移动苗床全貌

移动苗床生产实景

自动卷覆膜机构

自动加热、控温系统

第五章 蔬菜品种

一、瓜类

（一）西瓜主要品种

1. 早春红玉

〔**品种来源**〕浙江农业大学从日本引进。

〔**特征特性**〕极早熟小型红瓤西瓜，春季种植 5 月份收获，坐果后 35 天成熟，夏秋种植，9 月份收获，坐果后 25 天成熟。外观为长椭圆形，绿底条纹清晰，植株长势稳健，果皮厚 0.4～0.5 厘米，瓤色鲜红肉质脆嫩爽口，中心糖含量 12.5 以上，单瓜重 2.0 千克，保鲜时间长，商品性好。

2. 春秋蜜

〔**品种来源**〕荆州农业科学院。

〔**特征特性**〕早熟品种，全生育期 90 天左右，果实成熟期 28 天左右，植株长势强，雌花着生早，易坐果，且整齐。果实圆形，深绿花皮，皮厚 0.9 厘米左右，耐裂性好。单瓜重 4～5 千克。果肉红色，肉质细脆，口感极佳，中心糖含量 13%，中边糖梯度小。耐低温弱光性强，适宜早春大棚栽培，比早佳 84－24 口感更好，抗裂性也优于早佳 84－24。

3. 蜜童

〔**品种来源**〕寿光先正达种子有限公司。

〔**特征特性**〕该品种果实生育期春播平均 29 天，秋播平均 29 天。植株长势旺，分枝力强，生长势和抗病性强。平均单果重 2.97 千克，果实圆形到高圆形，果形指数 1.1，果柄长，花皮条带清晰，表皮绿

色有深绿条带，果皮 0.9 厘米，中心糖含量 12.2%，果肉大红，剖面较好，无籽性状好，纤维少，汁多味甜，质细爽口，果皮硬韧，较耐贮藏运输。春季亩产 2187.7 千克，秋季亩产 1719.40 千克。

4. 农康青峰

〔**品种来源**〕新疆农人种子科技有限责任公司、武汉弘耕种业有限公司育成。

〔**特征特性**〕湖北省审定品种（鄂审瓜 2011003），中熟西瓜，果实发育期 32 天左右。耐重茬，抗枯萎病，果实椭圆形，绿底上有深绿条纹。果皮硬，耐贮藏运输，果肉大红，中心糖含量 12% 左右，单瓜重 10 ～ 12 千克，亩产 6000 千克左右，是集大果、质优、抗病丰产的优良品种。

5. 拿比特

〔**品种来源**〕杭州三雄种苗有限公司引入。

〔**特征特性**〕果实椭圆形，果形稳定，果皮薄，花皮、红瓤，单果重约 2 千克。早熟小型杂交种，连续结果性好，肉质脆嫩，中心糖含量 12% 以上。一般亩产 2000 千克。

（二）甜瓜主要品种

1. 甜宝

〔**品种来源**〕武汉市武昌区金阳种苗经营部。

〔**特征特性**〕早熟品种，子蔓、孙蔓均可坐瓜，以孙蔓坐瓜为主。果形丰正偏扁圆形，果皮浅绿色，果肉淡绿色，中心糖含量 15% ～ 17%，单果重为 600 ～ 700 克。肉质脆甜，香甜可口，品质优良，适应性较广，抗逆性较强。

2. 久青蜜

〔**品种来源**〕合肥久易农业开发有限公司。

〔**特征特性**〕早熟品种，果实发育期 26 ～ 30 天，以孙蔓坐瓜为主。果实圆形，果皮浅绿色、有深绿条纹、无棱沟，果面光滑有蜡粉；果肉绿色，中心糖含量 14% ～ 17%，单果重 700 克。肉质嫩脆，味香甜，皮薄质韧耐储运，不易裂果。

（三）黄瓜主要品种

1. 津优 1 号

〔**品种来源**〕天津市黄瓜研究所选育。

〔**特征特性**〕植株长势强，以主蔓结瓜为主，第一雌花着生在第 4 节左右，瓜条长棒形，长约 36 厘米，单瓜重约 200 克。瓜把约为瓜长的 1/7，瓜皮深绿色，瘤明显，密生白刺，果肉脆甜无苦味。从播种到采收约 70 天，平均亩产量为 6000 千克左右。抗霜霉病、白粉病和枯萎病。

2. 津优 4 号

〔**品种来源**〕天津市黄瓜研究所选育。

〔**特征特性**〕高抗枯萎病、中抗霜霉病和白粉病。具有良好的稳产性能。植株紧凑，长势强；主蔓结瓜为主，雌花节率 40% 左右，回头瓜多。亩产达 5500 千克。耐热性好，在 32℃～ 34℃高温下生长正常。春露地可延长收获期。瓜条顺直，瓜长 35 厘米左右，单瓜重 230 克左右，瓜色深绿，有光泽；果肉浅绿色，质脆、味甜、品质优。

3. 燕白

〔**品种来源**〕重庆科光种苗有限公司引进。

〔**特征特性**〕第一雌花节位 2 ～ 3 节，雌花多，成瓜性好。瓜绿白色，圆筒形，长 20 厘米左右，无果把，单果重 100 ～ 120 克，品质好。耐阴、耐寒，长势强。抗霜霉病、白粉病。适合春季保护地及早熟栽培，上市时间比白丝条早 10 天以上，亩产 3000 千克以上。

4. 华黄瓜 6 号

〔**品种来源**〕华中农业大学选育。

〔**特征特性**〕植株生长紧凑，株型好，耐低温、弱光能力强，瓜码适中，连续结瓜能力强，以主蔓结瓜为主，瓜条端直，刺密均，瓜把短，瓜把带刺，瓜皮亮绿色，果肉淡绿色，腔小肉厚，瓜长 35 厘米左右，平均瓜重 250 克左右，心室数 3 室，抗霜霉病、叶斑病能力强，总产量高。适宜于早春、秋冬保护地栽培。

5. 华黄瓜 5 号

〔**品种来源**〕华中农业大学选育。

〔**特征特性**〕植株生长紧凑，坐瓜力强，20 节内坐瓜 7 条左右，春播 60 天左右采收商品瓜，夏播 42 ～ 44 天后采收商品瓜，主蔓 7 ～ 9 节开第一雌花，侧蔓发生早，夏季一般 3 ～ 4 条；以主蔓结瓜为主，侧蔓同时结瓜，瓜条端直，瓜皮绿色、瓜把 3.8 厘米，商品瓜长 28 厘米，直径 3.4 厘米左右，平均瓜重 230 克左右，心室数 3 室，较抗霜霉病、白粉病，一般春栽亩产 4500 ～ 5000 千克，夏秋栽培亩产量 3000 千克左右。每亩定植 3500 ～ 4000 株。

6. 鄂黄瓜 3 号

〔**品种来源**〕黄石市蔬菜科学研究所。

〔**特征特性**〕早熟品种。植株生长势中等，
节间短，分枝弱。春播全生育期 115 天左右，
65 天左右始收商品瓜。第一雌花节位在主蔓第
2 ～ 4 节，以主蔓结瓜为主。商品瓜呈圆柱形，
条形直，瓜把短粗，果皮绿白底色，瓜把部分
有浅条纹，少刺，瘤较大，浅棱。瓜长 30 厘米
左右，横径 4.2 厘米左右，单瓜重 320 克左右，果肉厚 1.2 厘米左右。
较耐寒，较耐弱光。一般亩产量 4000 千克。

（四）苦瓜主要品种

1. 华翠玉

〔**品种来源**〕华中农业大学育成。

〔**特征特性**〕早中熟。植株蔓生，生长势强，分枝力强，节间
较短。掌状裂叶，叶片绿色。第一雌花节位在主蔓第 9 ～ 10 节，第
一侧蔓在主蔓第 3 节左右，侧蔓 4 ～ 5 节后连续着生 2 ～ 3 朵雌花，
主侧蔓均可结瓜。商品果长棒形，浅绿色，刺瘤平滑，苦味适中，
果长 37 厘米左右，横径 4.8 厘米左右，果肉厚 0.9 厘米左右，单瓜
重 250 克左右。耐低温性较强。对白粉病、霜霉病耐性较强。维生
素 C 含量 1102.2 毫克/千克。一般亩产量 3000 千克。

2. 华碧玉

〔**品种来源**〕华中农业大学育成。

〔**特征特性**〕早熟。植株蔓生,生长势旺盛,分枝能力强,节间较短。掌状裂叶,叶片绿色。第一雌花节位在主蔓第 6 ～ 8 节,侧蔓节位较低,侧蔓间隔 3 节左右连续着生 2 ～ 3 朵雌花。主侧蔓均可结果,商品果长条形,绿色,嫩果刺瘤较尖,苦味适中。果长 40厘米左右,横径 5.6 厘米左右,果肉厚 0.9 厘米左右,单果重 340 克左右。耐低温性较强。对白粉病、霜霉病耐性较强。维生素 C 含量998.8 毫克/千克。一般亩产 3200 千克。

3. 春晓 4 号

〔**品种来源**〕福州市春晓种苗有限公司选育。

〔**特征特性**〕早中熟,耐寒耐热易栽培。瓜外观翠绿亮丽,长短瘤相间,耐贮运性好,坐果率高,高产抗病。瓜长 35 ～ 40 厘米,瓜径可达 8 厘米,单瓜重 500 克以上。

4. 绿玉

〔**品种来源**〕武汉市蔬菜科学研究所选育。

〔**特征特性**〕植株生长旺盛,分枝力强。主蔓第一雌花节位第10 ～ 15 节,雌花节率高,主、侧蔓均能结瓜,且具有 2 ～ 3 节连续着生雌花和连续坐果的特性。果实亮绿,棒形,有光泽,果长 34 厘米,横径 7 厘米,肉厚 1.5 厘米,单果重 700 克,果面短纵瘤与圆瘤状相间,肉质脆嫩,苦味适中,品质优良。早熟,耐寒,耐肥力强,一般春季地膜覆盖栽培从定植到采收 45 天。维生素 C 含量为 1055毫克/千克。采瓜期 50 ～ 100 天,每亩产量 3000 ～ 7500 千克。

5. 秀绿

〔**品种来源**〕武汉百兴种业发展有限公司。

〔**特征特性**〕早熟。植株生长旺盛，分枝力强，易结瓜，连续结瓜力特强，瓜条形匀称顺直，瓜色翠绿有光泽。瓜长 28～36 厘米，横径 6.0～8.0 厘米。单瓜重 600～800 克。抗病、耐热、耐湿、耐贮藏，品质优，商品性好。

（五）瓠瓜主要品种

1. 浙蒲 2 号

〔**品种来源**〕浙江省农科院蔬菜所选育。

〔**特征特性**〕生长势强，耐弱光照、耐低温能力强，叶色深绿，叶片厚，分枝性强，主蔓、侧蔓均可结瓜。瓜条长棒形、上下端粗细均匀，春季栽培瓜长约 50 厘米，秋季栽培瓜长约 40 厘米，单瓜重 350～550 克；皮色深绿、茸毛多；肉洁白、种子腔小，味鲜略带甜味，品质佳。前期产量高。抗蔓枯病，较耐白粉病、病毒病。适宜冬春季早熟设施栽培、秋季设施栽培。

2. 南秀

〔**品种来源**〕武汉市蔬菜科学研究所选育。

〔**特征特性**〕早熟，第一分枝节位在 4 节。叶呈心脏形，绿色。主蔓结瓜较迟，以侧蔓结瓜为主。侧蔓第一节开始现雌花，连续 2～3 朵。商品瓜浅绿色有光泽，短圆筒形。瓜长 25～30 厘米，横径 5 厘米，单瓜重 500 克。亩产量 3000 千克左右，高产的超过 3500 千克。品质优良，较耐贮藏运输，耐白粉病和炭疽病能力较强。

3. 青玉（鄂瓠杂 1 号）

〔**品种来源**〕武汉市蔬菜科学研究所选育。

〔**特征特性**〕早熟，第一分枝节位在 4 节。叶呈心脏形，绿色。主蔓结瓜较迟，以侧蔓结瓜为主。侧蔓第一节开始现雌花，连续 2 ～ 3 朵。商品瓜绿色有光泽，长圆筒形。瓜长 40 ～ 45 厘米，横径 4.5 ～ 5.0 厘米，单瓜重 600 ～ 800 克。亩产量 3500 千克左右。肉质柔嫩，微甜。

4. 碧玉

〔**品种来源**〕武汉市蔬菜科学研究所选育。

〔**特征特性**〕早熟，第一分枝节位在 4 节。叶呈心脏形，绿色。主蔓结瓜较迟，以侧蔓结瓜为主。侧蔓第一节开始现雌花，连续 2 ～ 3 朵。商品瓜浅绿色有光泽，长圆筒形。瓜长 40 厘米，横径 5 ～ 6 厘米，单瓜重 800 ～ 1000 克。亩产量 4000 千克左右。肉质柔嫩，微甜。

（六）丝瓜主要品种

1. 玉龙

〔**品种来源**〕武汉蔬菜科学研究所选育。

〔**特征特性**〕早中熟，春季播种至采收 75 天左右。第一坐瓜节位 8.2 节左右，连续坐果能力。瓜条长圆筒形，瓜长 27.4 厘米，瓜径 4.70 厘米，单瓜重 186.6 克。商品果尾部为翠绿色、果身白色、皮薄而光滑为蜡质状、有光泽，果肉淡绿色、细腻紧实、水分足、清香味甜，烹饪加工后果肉不发生褐变，感官视觉极佳。每亩前期产量 1300 千克，总产量 5000 千克。

2. 翡翠二号

〔**品种来源**〕武汉蔬菜科学研究所选育。

〔**特征特性**〕早熟，第一雌花节位在 7 ~ 8 节。主侧蔓均可结瓜，以主蔓结瓜为主，主蔓第 7 ~ 8 节开始现雌花，连续 3 ~ 4 朵，间隔 1 节后又可连续 3 朵左右。商品瓜浅绿色，长条形，光滑顺直有光泽。瓜顶部平圆，果面有少量白色绒毛。瓜长 40 厘米，横径 5 厘米，单瓜重 300 克。果肉绿白色，肉质柔嫩香甜，不易老化，耐储运。一般每亩产量为 4000 千克左右。

3. 长沙肉丝瓜

〔**品种来源**〕湖南省长沙市地方品种，由长沙市蔬菜科学研究所提纯复壮。

〔**特征特性**〕植株蔓生，生长势强。早中熟，主蔓 8 ~ 12 节着生第一雌花，雌花节率 50% ~ 70%。分枝性强，以主蔓结瓜为主。瓜条呈圆筒形，长约 35.7 厘米，横径 7 厘米左右，单瓜重约 400 克。嫩瓜外皮绿色、粗糙，皮薄，有蜡粉，有 10 条纵向深绿色条纹，花柱肥大短缩，果肩光滑硬化，肉质柔软多汁，品质佳。每亩产量 4000 千克。耐热，不耐寒，耐渍水，忌干旱，适应性广，抗性强。

二、茄果类

（一）茄子主要品种

1. 春晓

〔**品种来源**〕武汉蔬菜科学研究所选育。

〔**特征特性**〕植株直立，分枝性强，生长势较强，果实长条形，长 30 厘米左右，横径 3.0～3.5 厘米，单果重 140 克，果皮黑紫色，平滑光亮。早熟、耐低温、耐弱光，坐果力强，前期产量高。适宜早熟栽培。一般亩产量为 4000 千克。

2. 迎春一号（鄂茄 3 号）

〔**品种来源**〕武汉蔬菜科学研究所选育。

〔**特征特性**〕该品种植株直立，分枝性强，生长势中等，多数花簇生，果实长条形，长 30～35 厘米左右，横径 3.0～3.5 厘米，单果重 130 克，果皮色黑紫色，果面平滑光亮。极早熟，耐低温、耐弱光，坐果力强，前期产量高。适宜设施早熟栽培。一般亩产量为 4200 千克。

3. 紫龙三号（鄂茄 2 号）

〔**品种来源**〕武汉蔬菜科学研究所选育。

〔**特征特性**〕早中熟。门茄花位于 9 节，花一般为簇生。果实条形，果顶部钝尖，果皮黑紫色，果面光滑油亮，茄眼处有红色斑纹，转色快。果长 35～40 厘米，横径 3.5 厘米，单果重 180～220 克。果肉白绿色，肉质柔嫩，皮薄籽少耐老，耐贮藏运输。耐热性强。亩产量 4500 千克，高产的超过 5000 千克。

4. 川崎长茄

〔**品种来源**〕武汉百兴种业发展有限公司从日本引进。

〔**特征特性**〕早熟，坐果率高。果实长条形，果长 30～50 厘米，横径 6～9 厘米，耐低温弱光，果实在弱光条件下仍着色良好。果实种子少，品质好。

5. 汉宝一号

〔**品种来源**〕武汉蔬菜科学研究所选育。

〔**特征特性**〕早熟，生长势及分枝性中等。茎紫色，门茄节位在 7～8 节，花一般为 2～3 朵簇生。果实长条形，果皮黑紫色，果面光滑油亮。果长 33～35 厘米，横径 3.5～4.0 厘米，单果重 150 克。耐低温、弱光，较耐贮藏运输，耐热性及综合抗逆性较强。亩产量 4000 千克，高产可达 5000 千克以上。

（二）辣椒主要品种

1. 佳美

〔**品种来源**〕湖北省农科院选育。

〔**特征特性**〕该品种早熟，生长势和分枝力较强，果实粗牛角形，果尖马嘴状，果皮浅绿黄，果长 14～15 厘米，果粗 5.0～5.5 厘米，果肉厚 0.2 厘米，一般单果重 50～60 克，每株可连续结果 30 个以上，抗病性强，产量高。一般亩产可达 3500 千克，高产的达 4000 千克。

2. 湘早秀

〔**品种来源**〕湖南湘研种业有限公司。

〔**特征特性**〕早熟、微辣，果实粗长牛角形，果色深绿，果面光滑，连续坐果力强。果长 16～21 厘米，果粗 5.8 厘米，单果重 100～150 克。坐果集中，生长快速。青红果硬度好，耐贮藏运输。

3. 鼎秀红 6 号

〔**品种来源**〕武汉市文鼎农业生物技术有限公司。

〔**特征特性**〕红果顶级专用品种。植株
生长势旺，中晚熟，始花节位 10 ～ 11 节。
果粗牛角形，光滑，嫩果浅绿色，老熟果鲜
红色，光泽度好，果长 18 厘米左右，横径
5 ～ 6 厘米，单果重 80 ～ 100 克，最大可达
150 克，凸肩，椒形美观，抗病能力强，适
应性广。

4. 杭椒一号

〔**品种来源**〕杭州市农科院蔬菜所选育。

〔**特征特性**〕早熟、果实生长快。株高
70 厘米，开展度 80 厘米，第一花序生于第
8 节，果长 12 ～ 14 厘米，横径 1.5 厘米，
淡绿色，辣味中等，品质优，适宜保护地栽
培，亩产 3000 ～ 4000 千克。

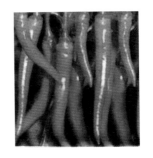

5. 洛椒超级五号

〔**品种来源**〕洛阳市诚研种业有限公司选育。

〔**特征特性**〕极早熟。前期结果多且连续结果性强，果实膨
大快。果实长灯笼形，果长 15 ～ 18 厘米，果径 5.5 厘米，单果重
80 ～ 120 克。果色翠绿，皮薄肉嫩，味道较辣，品质好。耐低温，
抗病性较强。

6. 辣丰金线

〔**品种来源**〕深圳市永利种业有限公司选育。

〔**特征特性**〕中早熟、高产、抗病、辛辣性金黄皮线椒品种。果
实长羊角形，果长 19 厘米，果宽 2.2 厘米，果肉厚 0.19 厘米，单果
重 21 克。嫩果绿色，成熟果金黄色，果实光亮，空腔小，辣味浓。
一般单株结果数 42 个。较耐湿、耐高温。宜鲜食和酱制。每亩产鲜
椒 3500 千克。

7.红秀八号

〔**品种来源**〕武汉百兴种业发展有限公司引进。

〔**特征特性**〕早熟，植株生长旺盛，丰产抗病，抗逆性强。结果集中，采收期长。果实长直，果皮光滑。青果深绿色，味微辣；熟果红亮，味香辣。鲜果长 12～15 厘米，果径 1.2～1.5 厘米，皮薄肉厚。耐贮藏运输。商品性好，货架期长。定植后 50 天采收青椒，80 天采收红椒。

8.景秀红

〔**品种来源**〕武汉百兴种业发展有限公司从韩国引进。

〔**特征特性**〕早中熟，株型紧凑，长势强健。连续坐果能力强，果实长条形，成熟青椒长 30 厘米左右，果径 1.5～1.8 厘米。青熟果翠绿色，辣味重。老熟果鲜红亮丽，抗病性强，成熟红果少见疫病的发生。耐高温、高湿。亩产量 4500 千克左右，高产 5000 千克以上，是鲜食、干制、加工的理想品种。

（三）番茄主要品种

1.斯洛克

〔**品种来源**〕四川种都种业有限公司选育。

〔**特征特性**〕中早熟，无限生长型。第一花序节位 7～8 节，生长势强，连续结果能力强，果实高扁圆形，无绿肩，大红色，果形美观。单果重 180～230 克，亩产 5000 千克以上。果实硬，耐贮藏。高抗 MTV、抗叶霉病、青枯病、枯萎病。适应性强。

2.GBS－爱因斯坦六号

〔**品种来源**〕大莲天地种子有限公司引进。

〔**特征特性**〕极早熟无限粉红色品种。植株体内具有多种抗病基因，对叶霉病几近免疫。高抗病毒病、筋腐、脐腐等病害。与

同类品种对比植株健旺，茎粗节短。秋延后栽培无黄叶，无空洞果，不早衰。果皮厚，硬肉，耐贮藏运输。着色一致。果形整齐。持续坐果能力强，坐果能力高。果实膨大快。采收期集中。平均单果重300 克左右，最大单果重 600 克。亩产 10000 公斤左右。适宜春秋大棚、日光温室及露地栽培。

3. 海尼拉

〔**品种来源**〕武汉百兴种业公司引进。

〔**特征特性**〕早熟，始花节位在第 3 ～ 5 节，无限生长型。果实近圆形、似苹果，果色鲜红光亮，无青肩，抗裂果，硬度高。果实横径 6.3 厘米，纵径 7 厘米，单果重 200 ～ 250 克。耐低温，连续坐果率强、商品性好。亩产 6000 千克左右，味甜酸。

4. 亚非 1 号（樱桃番茄）

〔**品种来源**〕武汉亚非种业公司引进。

〔**特征特性**〕无限生长型。主茎 6 ～ 7 叶着生第一花序，花序总状或复总状，每花序结果 50 ～ 60 个，多的可达 100 个，以后每隔 2 片叶出现 1 花序。果实正圆球形，鲜艳的柠檬黄色，平均单果重 15 克，裂果少、果实  整齐。口味香甜且耐贮藏运输，适合春秋保护地及露地栽培。对病毒病，叶霉病，晚疫病，抗病性较好。亩产量 5000 千克。

5. 京丹绿宝石

〔**品种来源**〕北京市农林科学院蔬菜研究中心培育。

〔**特征特性**〕无限生长型，生长势强，中熟，主茎第 7 ～ 8 片叶着生第一花序，总状和复总状花序，圆形果，幼果显绿色果肩，成熟果晶莹透绿似宝石。平均单果重 25 克，品味佳。高抗病毒病和叶霉病。一般每株留 6 ～ 8 穗果，亩产 3000 千克以上。

6. 黑珍珠（樱桃番茄）

〔**品种来源**〕北京市农林科学院蔬菜研究中心培育。

〔**特征特性**〕中熟，植株无限生长，生长旺盛，从定植到初次采收60～65天。连续结果性较强，每穗结果10个左右，果实为圆球形，红黑色，单果重20克左右，果实外形、大小和颜色与巨峰葡萄相似，口感酸甜适度、具有浓郁的番茄味，特别适合鲜食。适应性广，耐热性较好，抗寒性中等，抗叶霉病、晚疫病。适合在全国各地的保护地和露地种植。春季保护地种植单株产量3～5千克，一般每亩产量4000～5000千克。

三、根菜类

萝卜主要品种

1. 长白春

〔**品种来源**〕韩国引进。

〔**特征特性**〕叶苗期匍地生长，中后期半直立。根皮纯白光滑，裂根少，根长40厘米，根径6～7厘米，单根重1.0～1.2千克。口感好，品质优良。适宜春季保护地、秋季露地栽培，播种后60天左右收获，耐低温，不易抽薹，不适宜高温时期栽培。

2. 玉长河

〔**品种来源**〕武汉振龙种苗有限公司韩国引进。

〔**特征特性**〕春性白萝卜品种，长

大根型、表皮光滑、通体洁白，对长期湿热气候及低温表现不敏感性。生育期55天，根长40厘米以上，根径7厘米，单根重1千克以上。

四、白菜类

（一）大白菜主要品种

1. 早熟5号

〔**品种来源**〕浙江省农科院研制。

〔**特征特性**〕外叶淡绿色，叶柄较厚，叶球叠抱呈倒锥形，菜质柔软，品质优良。抗热耐湿特抗炭疽病，单球重1.5千克左右，生长期50～55天，适合作早熟栽培。也适于高温、多雨时期作小白菜栽培。

2. 菊锦

〔**品种来源**〕北京中科京研种苗有限公司引进。

〔**特征特性**〕不易抽薹、抗病、较少出现生理障碍。适期播种定植60天后可收获，外叶少，可适当密植。炮弹形，内叶鲜黄，品质优良，球重2.5～3.0千克，产量高。适于春季温床育苗小拱棚加地膜覆盖栽培，也可用于春季露地栽培。

3. 山地王2号

〔**品种来源**〕武汉市文鼎农业生物技术有限公司引进。

〔**特征特性**〕最新推出的抗根肿病的杂交一代大白菜新品种。适宜高山冷凉地区蔬菜基地种植，叶球圆筒形，合抱，外叶浓绿，内叶嫩黄，品质佳。适宜平原地区春季反季节和秋季种植，定植后60天左右成熟。丰产性好。

4. 新奥尔良大白菜

〔**品种来源**〕武汉市文鼎农业生物技术有限公司引进。

〔**特征特性**〕新型越冬品种，外叶深绿，直立，黄色内芯，食味佳。耐寒性强，相对低温条件下球内叶分化快。根系发达，植株长势盛，抗病性强，容易栽培。单球重可达 4 千克左右，商品性佳。长江流域可 8 月中下旬 9 月初播种，1—3 月收获。

5. 大地明珠娃娃菜

〔**品种来源**〕武汉百兴种业发展有限公司引进。

〔**特征特性**〕极早熟结球白菜。外叶少，浓绿，内叶嫩黄。叠抱形，结球紧密，球高 16 ～ 18 厘米，球茎 6 ～ 7 厘米。外观优美，味道鲜美柔嫩，商品性好。定植后 55 ～ 60 天可采收。抗病，低温结球力强。

（二）菜薹主要品种

1. 49-19 菜心

〔**品种来源**〕广东省良种引进服务公司。

〔**特征特性**〕早熟，播种至初次采收 30 天左右。生长旺盛，叶片长椭圆形，黄绿色，耐热、耐湿，抗逆性较强。每亩产量 900 ～ 1200 千克。

2. 青翠菜心

〔**品种来源**〕广东省良种引进服务公司。

〔**特征特性**〕株高约 28 厘米，叶片椭圆形，叶柄较短，薹叶狭卵形。菜薹粗达 1.5 厘米以上。叶、薹油绿色有光泽。早熟，播种至初次采收 28 ～ 30 天。生长旺盛，耐热、耐湿。纤维少，品质优。丰产性良好。

3. 雪婷 80 白菜薹

〔**品种来源**〕武汉市文鼎农业生物技术有限公司引进。

〔**特征特性**〕早熟，定植至采收 45～50 天。既耐热又耐寒，主薹白嫩，薹粗壮，长约 30 厘米，不易糠心，薹叶细长，叶片厚、嫩绿色，侧薹发薹快，每株采薹 20 根，亩产量 2000 千克。

（三）紫菜薹主要品种

1. 大股子（洪山菜薹）

〔**品种来源**〕武汉市地方品种。

〔**特征特性**〕植株高大，叶簇开张。基叶广卵形，暗紫红色，叶面有蜡粉，主薹紫红色，长 50～60 厘米，茎粗 2 厘米，菜薹单株重 50 克。薹基部大，似喇叭。薹叶紫红色，披针形。植株腋芽萌发力强，可抽薹 20～30 根。早熟，较耐热，耐寒性弱，忌渍怕旱，抗病性较差。菜薹质地脆嫩，纤维少，味鲜美，品质较好。亩产量 1250～1500 千克。

2. 华红 9006 红菜薹

〔**品种来源**〕华中农业大学选育。

〔**特征特性**〕早熟，有蜡粉，真叶心脏形，叶柄及叶脉紫色，薹紫红色，移栽至抽薹 30～40 天左右上市；优质，薹形匀称，薹叶小，薹色红，味道甜美，商品性好；高产，抽薹快，主薹与侧薹时间间隔较短，采摘期较长，在严寒气候下仍抽薹，产量高。

3. 鼎秀红婷红菜薹

〔**品种来源**〕武汉市文鼎农业生物技术有限公司引进。

〔**特征特性**〕早熟，优质高产，杂交一代新品种，从播种至采收 60 天，菜薹鲜红色，微量蜡粉，薹叶细小而尖，菜薹上下粗细均匀，薹长 35～40 厘米，粗 1.8 厘米左右，商品性极佳。每株可采侧、孙薹 30～40 根，产量高，抗热，抗病，适应性广。

4. 华红 5 号

〔**品种来源**〕华中农业大学选育。

〔**特征特性**〕从播种到始收 70 天左右，盛采期在 90～120 天，属中熟种；较耐寒、耐热，抗病强；基生莲坐叶 8～10 片，叶色绿，叶柄、叶主脉为紫红色，菜薹长 25～30 厘米，横径 1.5～2.0 厘米，单薹重 40～50 克，薹叶尖圆，薹色亮紫红，色泽鲜艳，无蜡粉，食味微甜，品质佳。

5. 佳红 5 号

〔**品种来源**〕武汉市佳红菜薹专业合作社。

〔**特征特性**〕从定植至始收 35 天左右，每株采侧薹 7～9 根，抽薹快，孙薹 15 根以上。薹长 35 厘米，粗 2 厘米左右，薹色紫红鲜亮有蜡粉，薹叶特尖小，商品外观好，特好吃，品质佳，卖相好，抗性强，适应性广。

五、甘蓝类

（一）花椰菜主要品种

1. 白马王子 80 天

〔**品种来源**〕温州市神鹿种业有限公司。

〔**特征特性**〕中早熟，从定植到采收 80 ～ 85 天。植株中等，叶色深绿，蜡粉中等，芯叶扭卷护球，花球洁白紧实，质地柔嫩，单花球重 1.5 ～ 2.0 千克。适应性广，播期弹性强，耐运输。

2. 圣雪 88

〔**品种来源**〕武汉市文鼎农业生物技术有限公司引进。

〔**特征特性**〕中熟，从定植到采收 82 天左右。球形圆正、紧实、洁白，内叶自覆性好。单球重 2 千克左右。适应强，抗性好。

3. 金光 60 天

〔**品种来源**〕浙江省温州市龙牌蔬菜种苗有限公司。

〔**特征特性**〕早熟，一般从幼苗定植至花球始收 58 ～ 60 天。苗期耐热，幼苗栽植后前期生长快，长势旺盛，熟期较一致，稍迟播栽也不毛花。株高 60 厘米，株幅 90 厘米，叶片长椭圆形，叶色深绿，叶面较平，蜡粉较多，心叶紧抱花球。花球横径 19 厘米，纵径 11 厘米，呈高半圆形，花球洁白、紧实、光滑，商品性状佳，熟食口感好，略带甜味。一般单球重 1 千克左右，大的 2 千克以上。

4. 庆农 60 天

〔**品种来源**〕厦门市文兴蔬菜种苗有限公司从我国台湾引进。

〔**特征特性**〕中早生，耐热、耐湿，抗病性强，植株生长强健，容易栽培管理，花球洁白美观，半松紧，蕾茎淡绿色，单球重 2 千克，定植后约 60 天采收，品质超群，产量丰高。苗期适温 20℃～ 30℃，生长适温 30℃～ 14℃，花球形成最佳适温 22℃～ 15℃。

（二）松花菜（散花菜）主要品种

1. 松不老 55 天

〔**品种来源**〕天津惠尔稼种业科技有限公司选育。

〔**特征特性**〕最新类型花菜，秋季耐热早熟品种，花梗碧绿，花球洁白，花球甜脆，松而不老，烹饪时熟而不烂，口感好。秋季定植后 55 ～ 60 天可采收，单球重 1.2 千克左右，是目前最早熟、最流行的松花菜。

2. 高山宝 60 天

〔**品种来源**〕厦门市文兴蔬菜种苗有限公司选育。

〔**特征特性**〕一代杂交，中早熟，耐热耐湿，生长快速、强健，抗逆性强，高抗病，适应性广；花球松大，雪白美观，花梗浅绿色，花型圆整，商品性高，单球重 1.5 千克；春播定植后 50 ～ 60 天采收，秋播定植后 65 ～ 70 天采收，口感好，品质优。湖北地区春播在 2 月下旬保护地播种，秋播在 6 月下旬至 7 月下旬播种。

3. 迎春花 60 天

〔**品种来源**〕武汉市世真华龙农业生物技术有限公司选育。

〔**特征特性**〕该品种是我国台湾地区提供亲本，新育成之优秀青梗杂交品种，生长快速，株型大，抗逆性强，定植后 60 天采收，结球期适温 16℃～26℃，单球重 1 千克左右，适宜春秋季栽培，花球品质佳，球形扁平美观，花球偏白松大，蕾枝浅青梗，肉质柔软，甜脆口感极好。

4. 玉盘

〔**品种来源**〕武汉市世真华龙农业生物技术有限公司选育。

〔**特征特性**〕该品种是以我国台湾地区优良品系为亲本，新育成之优秀青梗杂交品种。生长势强，株型大，抗逆性强，定植后 65 天采收，单球重约 1.5 千克左右。花菜品质佳，球面扁平美观，花球雪白松大，蕾枝浅青梗，肉质柔软，甜脆可口。结球适温 16℃～26℃，适宜春秋两季栽培，高海拔地区早夏与早秋采收，冷凉地区夏季采收。

5. 长胜 70 天

〔**品种来源**〕台湾长胜种苗有限公司选育。

〔**特征特性**〕一代杂交，中早熟，抗雨耐湿，生长强健，抗病性强；花球松大，雪白美观，花梗浅绿色，花形圆整，商品性好，单球重 1.8 千克；春播定植后 55 天采收，秋播定植后 70 天采收，产量高，品质优。湖北地区春播在 2 月上中旬保护地播种，露地在 6 月下旬至 7 月下旬播种。

6. 神良 80 天

〔**品种来源**〕浙江神良种业有限公司选育。

〔**特征特性**〕叶片大，株型旺，生长特快，抗病强，耐湿，育苗栽培容易，适合全国各地种植，心叶合抱，花菜特白、重叠、高圆丰产，后期低温不毛花，高产优质，耐贮藏运输，商品性极佳，采收集中，单球重 2 千克，比其他品种增产 50% 以上。适结球期气温 15℃～25℃（昼夜），定植至采收约 80 天，是大面积种植的最佳品种之一。

（三）青花菜主要品种

1. 绿美

〔**品种来源**〕武汉百兴种业发展有限公司引进。

〔**特征特性**〕早熟品种，春播定植后 60 天左右采收，秋播定植后 75 天左右采收，花球紧实，高圆球形，花蕾粒较细，颜色浓绿。单球重 350～400 克。花形美观，商品性好。

2. 绿莹莹

〔**品种来源**〕武汉亚非种业有限公司引进。

〔**特征特性**〕定植至采收 55 天左右。抗热性较好，板叶，植株较矮，侧枝很少，不易空心，半球形，花粒较细、均匀，颜色鲜绿，单球重 400～500 克左右。武汉地区最佳播期建议为 7 月 20 日至 8 月 15 日。

3.绿翡翠

〔**品种来源**〕武汉亚非种业有限公司引进。

〔**特征特性**〕中熟。花球半高圆，花粒细、鲜绿色、直立型、无侧枝，开展度不大，可以适当密植。结球紧实，耐贮藏，不易散花。茎秆较细，不空心，耐寒性特强，遇低温不变色。武汉地区最佳播期建议为8月15日—8月25日，1月前后采收。

4.晚熟六号

〔**品种来源**〕武汉亚非种业有限公司引进。

〔**特征特性**〕晚熟品种，花球圆整、紧密、蕾中细、产量高、深绿、耐寒、低温下不易紫花，抗病性强。武汉地区最佳播期建议为8月25日—9月5日，定植后120～130天左右可以采收。

六、豆类

（一）豇豆主要品种

1.海亚特

〔**品种来源**〕江西华农种业有限公司选育。

〔**特征特性**〕属早中熟品种，春季种植全生育期95～103天。该品种植株蔓生，生长势强，整齐一致。主侧蔓均可结荚，以主蔓结荚为主，分枝力中等，主蔓长2.5～3.0米。叶色深绿，长卵圆形，始花节位4～5节，连续结荚能力强。商品荚嫩绿色，荚长 65～70 厘米，荚粗 0.85 厘米，单荚重 40 克左右，豆荚整齐一致，商品性好。

2. 鄂豇豆 9 号

〔**品种来源**〕武汉市蔬菜科学研究所育成

〔**特征特性**〕早中熟豇豆品种。一般春季栽培从播种到开始结荚为 50 天左右，秋季栽培为 40 天左右。植株蔓生，无限生长型，生长势较强，分枝性中等。叶片中等大小，绿色。主茎第一花序着生于第 3～5 节，花浅紫色。植株中层结荚集中，双荚率较高，荚形顺直，鼠尾率低，荚浅绿色，荚长 63 厘米左右、荚粗 1 厘米左右，单荚重 20 克左右。种皮红色，每荚种子粒数 19 粒左右。商品性好，适于鲜食和腌制加工。

3. 鄂豇豆 11 号

〔**品种来源**〕武汉市蔬菜科学研究所育成。

〔**特征特性**〕早熟。一般春季栽培从播种到始收为 50～55 天，秋季栽培播种到始收 38～40 天，叶片绿色，下方与叶柄连接处有红色斑点。主茎第一花序着生于第 3～4 节，花浅紫色，每花穗可结荚 4 个。单株结荚数 18 个左右，荚浅绿色，荚长 67 厘米左右、荚粗 0.8 厘米左右，单荚重 27 克左右。每荚种子粒数 16～19 粒。耐渍性较差。

4. 柳翠（鄂豇豆 6 号）

〔**品种来源**〕江汉大学选育。

〔**特征特性**〕早熟，植株蔓生，3～5 节始花，结荚多，以对荚为主，荚长 80 厘米左右，最长可达 1 米，粗 1.2 ～ 1.5 厘米，顺直，荚翠绿色，无鼓粒，后期亦无鼠尾，商品外观好看。肉厚，耐老，品质佳，抗病性强，耐湿热。鲜食、腌制、干制均可。宜春、夏、秋节种植。

5. 鄂豇豆 12 号

〔**品种来源**〕江汉大学选育。

〔**特征特性**〕中熟。植株蔓生，生长势较强。茎粗壮，节间较短，分枝数 2 ～ 4 个。主蔓第一花序着生于第 4 ～ 6 节，始花后第 7 节以上均有花序，花紫色，每花序多生对荚，持续结荚能力强。荚深绿色，长圆条形，有红嘴，荚长 75 厘米左右，荚粗 0.8 厘米左右，单荚重 23 克左右，单株结荚 14 个左右，荚条均匀，极少鼠尾和鼓粒现象。

6. 鄂豇豆 1 号

〔**品种来源**〕湖北省农科院选育。

〔**特征特性**〕植株蔓生，生长势强，分枝 2 ～ 3 个，叶片较大，深绿色。春季第 2 ～ 4 节位出现第 1 花序；花冠紫色，略带蓝色，多回头花，结荚期长，生育期 100 ～ 110 天。嫩荚绿白色，成荚银白色。荚肉厚实而柔嫩，纤维少，品质佳，不易老化，商品性好，适于煮、蒸、炒食品店。相对耐渍，较抗疫病。亩产量 1500 ～ 2500 千克。

7. 鄂豇豆 4 号

〔**品种来源**〕湖北省农科院选育。

〔**特征特性**〕早中熟。蔓生型，生长势强，平均分枝 1.5 个。始花节位 2 ～ 3 节，花冠紫色，结荚中后期有开回头花的特性，每花序多生对荚，每花序成荚 2 ～ 3 对。荚色独特，商品荚白底着生紫红色花斑，长圆条形，单荚重平均 25 克，荚长 50 厘米，荚厚 1.0 厘米，纤维少，荚粗壮，肉厚、耐老。单荚种子 17 粒。春播地膜覆盖栽培，出苗至嫩荚始收 70 天左右。较耐疫病和轮纹病。

（二）菜豆主要品种

1. 泰国架豆王

〔**品种来源**〕江苏省农科院豆类研究所引进。

〔**特征特性**〕植株生长旺盛，侧枝较多，中早熟。该品种表现稳定，产量高、抗病。从播种到采收嫩荚 75 天左右。荚绿色、肉厚，无筋，无纤维，商品性好，荚长在 30 厘米以上。

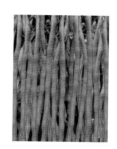

2. 浙芸 3 号

〔**品种来源**〕浙江之玾种业有限责任公司选育。

〔**特征特性**〕生长势强。单株分枝 0.92 个，叶绿，红花、嫩荚浅绿色，扁圆形，荚长 16 ～ 18 厘米，宽 1.2 厘米，厚 1.0 厘米，结荚节位 6 ～ 8 节，结荚率高。种子褐色，肾形，有光泽，较早熟，品质优，鲜食为主，耐热，适应性广。

3. 早花嫩荚

〔**品种来源**〕武汉金阳种苗有限公司选育。

〔**特征特性**〕早熟。主蔓结荚，结荚部位低，每花序 3 ～ 4 荚，前期产量高，可连续结荚至植株顶部。豆荚近扁圆形，长 17 ～ 20 厘米，鲜荚嫩绿色，肉厚、籽小，品质佳。适应性强。亩产量 2000 千克左右。

4. 西杂王

〔**品种来源**〕武汉市文鼎农业生物技术有限公司选育。

〔**特征特性**〕极早熟。蔓生，2 ～ 3 节始花，豆荚节成性强。豆荚条形，扁而宽，无鼓粒，浅绿白色，长 20 ～ 25 厘米，宽 1.5 ～ 2.0 厘米。耐贮藏运输。

七、根茎类

莴苣主要品种

1. 翠竹长青

〔**品种来源**〕四川广汉龙盛种业有限公司。

〔**特征特性**〕抗寒型青香莴笋，叶长椭圆色绿，皮浅绿，肉青绿翠嫩，品质极佳。长棒形茎圆润如竹筒，外观美，卖相特别好。在 3℃～ 25℃气温环境下生长良好，长势旺盛，膨大快，抗病强。单株重者可达 1.0 ～ 1.5 千克。适合晚秋、冬、早春种植。

2. 金典香尖

〔**品种来源**〕四川广汉龙盛种业有限公司。

〔**特征特性**〕夏秋专用。叶片绿色，长披针形，皮嫩浅绿白，肉翠绿清香味特浓，商品性好。在 10℃～ 35℃气温环境生长良好，生长后期可抗短期 38℃～ 45℃高温极不易抽薹，单株重者可达 0.8 ～ 1.0 千克，适应性广，春夏秋季主栽。

3. 盛夏王

〔**品种来源**〕四川广汉龙盛种业有限公司。

〔**特征特性**〕夏秋专用。叶片长椭圆形，色绿，皮嫩浅绿白，茎粗棒，节平，节间稀密适中。肉翠绿味清香。耐热性特别强，在 15℃～ 35℃气温下生长效果好，生长后期可抗 40℃～ 42℃高温。不易抽薹。定植后 40 天可开始收获，单株重者可达 0.8 ～ 1.0 千克。

4. 极品秋丰王

〔**品种来源**〕四川广汉龙盛种业有限公司。

〔**特征特性**〕叶深绿，叶片椭圆形，皮浅青，肉嫩脆，味清香，商品性极佳。单株重者可达 1.0 ～ 1.5 千克。
在 3℃～ 28℃气温环境生长良好，该品种耐
热抗寒，抗病力强，适应性广，宜蔬菜基地
秋、冬、春（高山冷凉地夏季）种植。

5. 三青王

〔**品种来源**〕四川种都农业有限公司。

〔**特征特性**〕青皮青肉香莴笋，圆叶，
色浓绿，开展度小。茎粗大，单株重 1 ～ 2
千克。耐寒，抗病。在气温 3℃～ 20℃条件下生长良好。晚秋、冬
季栽培特色品种。

6. 青峰王

〔**品种来源**〕四川种都农业有限公司。

〔**特征特性**〕高温季节专用品种。抗病，不易抽薹。在气温
15℃～ 38℃条件下生长良好。叶片披针形，色绿。茎粗大，皮嫩绿，
肉青质脆，香味浓郁。单株重者可达 1.2 千克。

八、叶菜类

（一）小白菜主要品种

1. 南京矮脚黄

〔**品种来源**〕南京农业大学园艺系选育。

〔**特征特性**〕株高 28.8 厘米，开展度
31.7 厘米。单株平均叶数为 20 片，近圆
形、全缘，翠绿色，叶梗白色，属半圆梗，
单株重 485 克。生长期 60 ～ 80 天，亩产

净菜 3000 ～ 4000 千克。品质优，风味甜脆而鲜嫩。对土壤条件的
要求不严格，偏酸的黏土、偏碱的沙壤土中均可栽培。耐寒性较强，
在短期的－5℃条件下，无严重冻害，抽薹期亦较晚。对病毒病及霜
霉病的抗性较强，不耐贮藏，需及时供应市场。

2. 上海青

〔**品种来源**〕南京绿领种业有限公司引进。

〔**特征特性**〕叶少茎多，菜茎白的像葫芦瓢，因此，上海青也有叫作瓢儿白的。植株整齐一致，生长速度快，株高10～15厘米，口味佳。耐热、耐寒、抗病，品质好。

3. 汉冠

〔**品种来源**〕武汉市蔬菜科学研究所选育。

〔**特征特性**〕一代杂交种，叶绿色，叶面平，叶柄翠绿且基部肥厚，株型直立，株高23～25厘米，束腰，较耐热，抗逆性强，品质佳，口感极好。

4. 汉优

〔**品种来源**〕武汉市蔬菜科学研究所选育。

〔**特征特性**〕一代杂交新品种，株高18～20厘米，白梗，中株束腰，适合夏、秋季栽培，夏季栽培27天左右采收，秋季栽培45～50天采收。

5. 矮箕青

〔**品种来源**〕上海市地方品种。

〔**特征特性**〕植株直立，高24厘米左右，叶片绿色，叶柄浅绿色，肥厚，向内弯曲呈匙形。束腰，基部肥大，形态极为美观，叶柄平滑，全缘。生长期60～70天，品质佳，味清甜。

6. 华冠

〔**品种来源**〕日本武藏野种苗园株式会社培育，广东省良种引进服务公司。

〔**特征特性**〕植株株型直立，株高
20～22 厘米，开展度 23.0～24.5 厘米。
叶长 11.7 厘米，宽 8.7 厘米，呈长圆形。
叶面平滑，全缘。叶柄长 6 厘米，肥厚，
匙羹形。青绿色，光泽度好，单株重 100
克。极早熟，播种至初收 33～36 天。耐
热，冬性又强。株型束腰，矮脚，品质优良。

7. 速腾五号快菜

〔**品种来源**〕南京绿领种业有限公司。

〔**特征特性**〕株型紧凑，生长速度快，
叶片厚，叶色嫩绿无刺毛，叶面较平展。
叶柄洁白、宽而扁。耐热耐湿，抗病能力
强，收获时柔性好，风味品质优良。

（二）油麦菜主要品种

1. 四季香

〔**品种来源**〕四川广汉龙盛种业有限公司。

〔**特征特性**〕速生型高品质叶菜品种。叶片细尖、色翠绿。口
感脆嫩鲜香，茎叶两用，以食叶为主。该品种长势旺盛，特别抗病，
丰产性强，生长周期短，播种后 35 天即可开始采收，是大面积种植
的极佳叶菜品种。

2. 红脆香

〔**品种来源**〕四川广汉龙盛种业有限公司。

〔**特征特性**〕速生型高品质特色叶菜品种。尖叶，叶片紫红，有
褶皱。茎叶两用，叶肉均嫩脆，以食叶为主。该品种长势旺盛，特
别抗病，丰产性强，生长周期短，播种后 35 天即可开始采收，是大
面积种植的极佳叶菜品种。

3. 板叶香

〔**品种来源**〕广州市水江种子店和广州市蔡远种子店经销。

〔**特征特性**〕生长直立型，板叶，叶色翠绿，叶片特别是中肋口感脆嫩。冬季保护地栽培口感脆甜；夏秋季高温季节栽培，收获前香米味四溢清香；熟食口感苦

味适中。该品种一年四季均可种植，可直播或分苗移栽，株行距 10 厘米左右，亩种 5 万株左右。冬春季保护地栽培时要施足底肥，控制浇水次数，以免湿度过大诱发病害；露地栽培时根据天气、苗情适时浇水追肥。冬春季保护地栽培时要特别注意防治菌核病、灰霉病、霜霉病及潜叶蝇、蜗牛；露地栽培时要注意防治霜霉病、斑点病和潜叶蝇、白粉虱。

4. 四季尖叶

〔**品种来源**〕广州市蔡远种子店引进。

〔**特征特性**〕株高 35 ～ 45 厘米，开展度 40 厘米左右，叶片呈长披针形，长40 厘米左右，宽约 6 厘米，叶全缘，下部具锯齿状，翠绿，有光泽，叶基生成簇，采收时可达到 16 片叶，单株重大的约 250

克。该品种耐寒性强，喜湿润，抗病虫害，品质甜脆，纤维少，生长适温 20℃～ 25℃，夏、初秋播种时要做低温处理，可周年生产，从播种至收获需 40 ～ 50 天。

（三）生菜主要品种

1. 软尾生菜

〔**品种来源**〕江西省玉丰种业有限公司引进。

〔**特征特性**〕株高 25 厘米，开展度 35 厘米，叶近圆形，较薄，

长 24 厘米，宽 19 厘米，黄绿色，有光
泽，叶缘波状，叶面皱褶，心叶抱合，蓬
松。中肋扁宽，长 15 厘米，宽 2.3 厘米，
厚 0.5 厘米，浅白绿色，茎部乳汁较多。
成株叶片 28 片左右。叶肉薄，脆嫩多汁、
味清香，微苦，品质好。生、熟食皆宜。

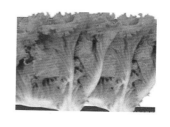

早熟，越冬栽培生长期 150 ～ 170 天。耐热性弱，较耐寒，过湿易
感染软腐病。亩产量 1500 ～ 1800 千克。

2. 意大利耐抽薹生菜

〔**品种来源**〕郑州市郑研种苗科技有限公
司引进。

〔**特征特性**〕结球生菜类型，早熟，较抗
热，抗性好，适温下定植后 50 天左右收获，
叶色绿，叶球圆，紧实，单球重 400 ～ 600 克，
口感爽脆，商品性好，春秋种植。

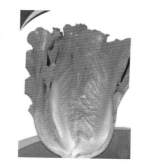

3. 日本结球生菜

〔**品种来源**〕河北省青县钰禾种业（蔬
菜育种中心）。

〔**特征特性**〕植株半直立，生长速度
快，叶片包球，颜色嫩绿，长势强，适应
性广，风味佳，形态非常绮丽，叶质肉嫩，

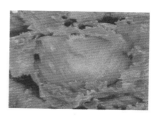

生食、炒食品质都很好。在气温高时不易结球。南北方皆宜种植，
适合保护地和露地栽培。

（四）芹菜主要品种

1. 玻璃脆

〔**品种来源**〕开封市蔬菜所选育。

〔**特征特性**〕一般株高 80 ～ 90 厘米，品质好，梗粗纤维少。平

均单株重 0.5 千克，稀植时单株可达 1.5 千克左右。叶绿色，叶柄粗 1 厘米左右，黄绿色，肥大而宽厚，光滑无棱，具有光泽，茎秆实心，组织柔嫩脆弱，纤维少，微带甜味，品质好，炒食凉拌俱佳。较耐热、耐旱、耐肥、耐寒、耐贮藏，定植后100 天左右收获。一年四季均可栽培。

2. 百利西芹

〔**品种来源**〕武汉金正现代种业有限公司引进。

〔**特征特性**〕本品种为西洋芹菜，植株较大，质地叶色翠绿，叶片较大，叶柄抱合紧凑浅绿色。植株高 80 厘米，横断面上半圆形，腹沟较浅，叶柄肥大，宽厚，茎部宽 3 ～ 5 厘米，叶柄第一节长度27 ～ 30 厘米。本品种抗病性强，对芹菜

病毒、叶斑病抗性较强。单株重量在 2 千克以上，亩产量 20000 千克以上。田间株行距作大株型栽培株距 20 ～ 40 厘米，行距 50 ～ 10 厘米左右为宜，软化后品质更为白嫩脆美。

（五）菠菜主要品种

1. 日本全能

〔**品种来源**〕江西赣昌种业有限公司引进。

〔**特征特性**〕中晚熟一代杂交种，生长期 80 天左右，植株半直立，株高 50 厘米，开展度 75 厘米，外叶深绿，叶面皱，叶球中桩叠抱，结球紧实，单株重 4.5 千克左右，亩产量可达 7500 ～ 9000 千克。

较抗病毒病、霜霉病和软腐病。

2. 丹麦菠菜

〔**品种来源**〕武汉金正现代种业有限
公司引进。

〔**特征特性**〕最新一代杂交种菠菜，
具有生长快速，耐抽薹，耐寒，耐热，高
抗霜霉病，植株直立，高大美观，叶片
深绿色，叶肉肥厚宽大，叶柄粗实，根小红头，适应性广，早、中、
晚种植均佳。

3. 东北尖叶

〔**品种来源**〕辽宁沈阳市地方品种。

〔**特征特性**〕叶簇直立，株高 40 厘米，开展度 35 ～ 40 厘米。
叶片基部宽、先端尖、呈箭形，最大叶长 23 厘米、宽 15 厘米，叶
面平、较薄、绿色，全株有叶 25 片左右。叶柄长 25 厘米、淡绿色。
水分少，微甜，品质好，供熟食。主根肉质，粉红色。平均单株重
80 克左右。种子有刺。较早熟，播种至收获 50 ～ 60 天。冬性较强，
抗寒力强，返青快，上市早。亩产量 1200 ～ 1500 千克。

4. 日本圆叶

〔**品种来源**〕日本引进。

〔**特征特性**〕早熟，生长期约 30 ～

40 天，生长迅速，株形直立，叶片巨大，
浓绿肥厚，叶片较多，适应性广，春秋均
可种植，冬季可在保护地里种植，口感柔
嫩，叶甜，无涩味，晚抽薹，抗病，抗寒，亩产量 2500 ～ 3000 千克。

（六）苋菜主要品种

1. 红圆叶

〔**品种来源**〕武汉市蔬菜科学研究所。

〔**特征特性**〕早熟。株高 24 厘米左右，叶片圆形中央鲜紫红色，边缘绿色，叶肉较厚，耐老化，叶柄绿色。从播种到采收约 40 天。口感柔嫩、味鲜美。耐低温、高温能力较强，适应性广。

2. 红尖叶

〔**品种来源**〕武汉市蔬菜科学研究所。

〔**特征特性**〕极早熟，耐寒性突出，耐热性能好，耐旱，适应性广，叶片宽尖叶形，叶片中心红，边缘绿白色，叶柄白绿色，生长速度快，特别早期低温期生长优势明显，播种后 30～40 天可分批采收上市，是春秋栽培的优良品种。

3. 白尖叶

〔**品种来源**〕广州张水江菜种店。

〔**特征特性**〕生长快、抗逆性强，株高 25 厘米左右，叶呈长卵形先端尖，叶长约 6 厘米，宽约 4 厘米。叶绿色，纤维少，口感软滑，菜味好，品质优。

4. 白圆叶

〔**品种来源**〕武汉市蔬菜科学研究所。

〔**特征特性**〕株高 28 厘米，叶圆阔，叶色白绿，叶柄白绿色。生长期 30～35 天。耐湿热，抗病，纤维少，清甜无渣，口感好，品质优。亩产量 2500 千克左右。

（七）蕹菜主要品种

1. 泰国尖叶

〔**品种来源**〕广东汕头市金韩种业有限公司引进。

〔**特征特性**〕株高 40 ～ 50 厘米，开展度 30 厘米，大尖叶，叶面平滑，嫩绿。茎中空有节。茎叶质地柔嫩，纤维少，品质好。播种后 50 ～ 60 天开始收获，可延续收获 60 天左右，适应性广。抗热、耐涝、怕霜冻。

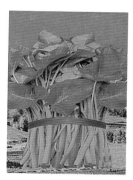

2. 吉安大叶

〔**品种来源**〕江西吉安地方品种。

〔**特征特性**〕生长快、抗逆性强，株高 25 厘米左右，叶呈长卵形先端尖，叶长约 6 厘米，宽约 4 厘米。叶绿色，纤维少，口感软滑，菜味好，品质优。

（八）芫荽主要品种

1. 新西兰大叶香菜

〔**品种来源**〕新西兰引进。

〔**特征特性**〕生长势强，抽薹晚，株高 28 ～ 30 厘米，开展度 15 ～ 20 厘米，单株重 18 ～ 20 克，叶色绿色，叶圆，边缘深裂，叶柄白绿色，纤维少，品质佳，香味浓。适应性广，耐寒、耐热、耐旱，抗病虫害。

2. 澳洲小粒香菜

〔**品种来源**〕澳大利亚引进。

〔**特征特性**〕耐热、抗寒品种，在高温下仍能迅速出芽。适应性广、种植生长迅速，特耐抽薹。株高 25 厘米，叶柄白绿色有光泽，绿色近圆齿有光泽，香味特浓，纤维少。

3. 泰国大粒香菜

〔**品种来源**〕广东省良种引进服务公司。

〔**特征特性**〕株高约 20 厘米，叶为羽状复叶。叶片青绿色，叶缘齿状，叶柄细而柔嫩，分蘖性强，适应性广，耐肥又耐病。气味香郁，品质佳。

（九）茼蒿主要品种

1. 云南绿杆

〔**品种来源**〕引自云南。

〔**特征特性**〕成株株高 80 厘米，茎粗 0.8 厘米，叶长 15 厘米，叶宽 10.8 厘米，裂片较宽且短，幼茎绿白，纤维少，半匍匐生长。目前为武汉主栽品种，产量较高，品质较好。

2. 小叶白

〔**品种来源**〕引自南京。

〔**特征特性**〕株高 74.2 厘米，茎粗 0.54 厘米，叶长 14.2 厘米，叶宽 15 厘米，茎色绿白，叶背绿白色有短茸毛，茎秆纤维较少，品质佳。

3. 李市藜蒿

〔**品种来源**〕来源于湖北省荆门市沙洋区李市镇。

〔**特征特性**〕成株株高 35 厘米，茎粗 0.7 厘米，绿色叶片羽状深裂，裂片长 15 厘米，宽 1.5 厘米，嫩茎及叶片绿色，叶缘有长锯齿，嫩茎柔软，香气浓郁。

（十）叶用甘薯主要品种

1. 福薯 18 号

〔**品种来源**〕福建省农业科学院作物研究所选育。

〔**特征特性**〕腋芽再生能力强，节间短、分枝多，较直立，茎秆脆嫩，叶柄较短。叶和嫩梢无绒毛，开水烫后颜色翠绿，有香味、甜味，无苦涩味，口感嫩滑，适口性好，适应性强，一年四季亩产量可达 4000～6000 千克。

2. 鄂薯 1 号

〔**品种来源**〕湖北省农科院选育。

〔**特征特性**〕该品各基部平均分枝数 10.8 根，平均茎粗 0.28 厘米，茎尖、茎蔓、叶片、叶柄、叶脉均为嫩绿色，茸毛极少，叶片心脏形。清秀细嫩；地上部生长旺盛，腋芽再生能力强，茎叶产量高，薯尖采摘后还苗快，一般

10～12天可采收1次。该品种若作薯块栽培，单株结薯4～6个，亩产3500千克左右，薯块长纺锤形，薯皮淡红黄色、薯肉橘红色。

九、草莓主要品种

草莓又叫红莓、洋莓、地莓等，是一种红色的水果。草莓是蔷薇科草莓属植物的通称，属多年生草本植物。草莓的外观呈心形，鲜美红嫩，果肉多汁，含有特殊的浓郁水果芳香。草莓营养价值高，含丰富维生素C，有帮助消化的功效，与此同时，草莓还可以巩固齿龈，清新口气，润泽喉部。

1. 红颊（日本99、红颜）

〔**品种来源**〕日本引进。

〔**特征特性**〕植株长势强，株态直立，生长旺期最高约30厘米，开展度约25厘米，易于栽培管理。叶片大，新茎分枝多，连续坐果能力强，品质好，最大果80克左右，圆锥形，硬度强，果形美观，色鲜红漂亮，亩产量1250千克左右。

2. 章姬（又称牛奶草莓）

〔**品种来源**〕日本引进。

〔**特征特性**〕特早熟品种，休眠期浅，生长势强，聚伞形花序，花序抽生量大，果形长圆锥形，果面鲜艳光亮，果实淡红色，细嫩多汁，浓香美味，含糖量高达14～17度。亩产量1250千克左右。

3. 丰香

〔**品种来源**〕日本引进。

〔**特征特性**〕早熟品种，休眠期浅，植株开张，长势旺盛，繁殖力中等，叶片

圆形，色绿。花序较直立，低于叶面。果实圆锥形较大，果面鲜红亮丽，果肉淡白色。一级序果均重42克，最大单果重65克，亩产量1500～2000千克。

4. 法兰地

〔**品种来源**〕日本引进。

〔**特征特性**〕叶片椭圆形、较厚、浓绿色、单果枝、丰产性好，果实圆锥形，果肉果面红色，风味好，平均单果重35克，果大小均匀整齐，繁殖集中等，对环境适应能力强，抗潮湿，抗病能力强。亩产1000千克左右。

5. 晶瑶

〔**品种来源**〕湖北省农业科学院经济作物研究所选育。

〔**特征特性**〕植株较高大，株高38.4厘米，开展度40.6厘米；生长势较强。单株叶片7～8片，长椭圆形，叶面光滑。

单株花序3～5个，花序长38.9厘米，花序二级分枝，花量较少，全采收期可抽发3次花序，各花序均可连续结果。果实略长圆锥形，果形较大，质地较硬，茸毛少，果面鲜红有光泽，单果重25克左右。对高温、高湿和炭疽病抗性较弱。果实颜色鲜艳，酸甜适口，亩产量1500～2000千克。

十、水生蔬菜

（一）水芹

鄂水芹1号

〔**品种来源**〕武汉市蔬菜科学研究所选育。

〔**特征特性**〕株高45～50厘米，单株叶数5～5.5片。叶柄长度 18～21 厘米，叶柄宽度 1.1 厘米，厚度 0.2 厘米，小叶片长度 3.1～3.4 厘米，宽度 2.1 厘米以上。形状卵圆形，绿色，茎横切面圆形。单株重 30 克左右。

（二）豆瓣菜

大叶豆瓣菜

〔**品种来源**〕武汉市蔬菜科学研究所。

〔**特征特性**〕全株光滑无毛，根细小、白色，须根颇多，茎匍匐或浮水生，多分枝，节上生不定根，茎长 30～50 厘米，茎圆，节间长 3～5 厘米，横茎 0.3～0.5 厘米，青绿色。小叶片 3～9 枚，宽卵形，长圆形或近圆形，先端一片较大。

第六章　栽培模式

一、主栽模式

（一）东西湖区主栽模式

模式一：春苦瓜—草莓

1. 模式效益

该模式亩总产量 4000 ～ 5300 千克，总产值 1.6 万～ 2.2 万元。苦瓜亩产量 2500 ～ 3500 千克，亩产值 8000 ～ 12000 元；草莓亩产量 1800 ～ 2000 千克，亩产值 8200 ～ 10000 元。

2. 茬口安排

苦瓜元月下旬播种育苗（或购买商品苗），2 月下旬至 3 月上旬定植，5 月上旬上市，7 月下旬罢园，草莓 3 月中旬至 4 月上旬育苗，8 月上旬至 9 月中旬定植，11 月上旬至 12 月上旬上市，次年 2 月至 3 月罢园。

3. 关键技术

3.1 春苦瓜栽培技术要点

3.1.1 品种选择

早熟高产栽培宜选用耐低温、开花结果节位低、早熟、优质、抗逆的品种如春晓 5 号、春早一号白苦瓜、碧玉青苦瓜、种都牌长白苦瓜等。

3.1.2 播种育苗

元月下旬先将种子在太阳下晒 1 ～ 2 天，用 55℃温水浸种 15 分钟，然后置于 30℃温水中浸泡 12 ～ 15 小时，捞出沥干后放在 30℃～ 35℃温度下催芽，待 75% 出苗时及时播种，每钵一粒。亩用种量 200 ～ 300 克。苗期白天温度控制在 20℃ ～ 25℃，夜晚控制在 15℃ ～ 18℃。定植前 7 ～ 10 天开始炼苗，4 ～ 5 片叶时定植。苗龄 30 ～ 40 天，亩用种量 200 ～ 300 克。

3.1.3 整地施肥定植

前茬作物收获后，及时耕地、炕地。亩施进口复合肥 125 千克，菜饼 100 千克，或优质土杂肥 5000 千克。深耕 30 厘米以上，使肥土均匀，然后密封大棚 7 天。按 1.33 米下栽开厢，作成深沟高畦，畦宽 80 ～ 90 厘米，畦高 20 ～ 25 厘米，用 1.6 米宽的地膜进行全膜覆盖（包沟），铺设滴管带，待栽。2 月下旬至 3 月上旬，当幼苗长至 4 ～ 5 片真叶时抢冷尾暖头定植，每畦栽两行，行距 60 厘米，株距 50 厘米，亩栽 1500 ～ 1650 株，浇足定根水后，插上小拱棚并盖上薄膜，密闭一周。

3.1.4 田间管理

3.1.4.1 温度管理

定植后闭棚 1 周，提高棚温，促进缓苗。缓苗后至开花前，棚温维持在 20℃ ～ 25℃，高于 30℃ 时放风。如遇到严寒天气，棚内夜温低于 10℃ 时，应采取多层覆盖措施保温，为增强苦瓜植株抵御低温的能力，应增施抗寒剂，使用方法为每 100 毫升抗寒剂兑水 10 ～ 15 千克，于缓苗期喷施 1 ～ 2 次。

3.1.4.2 搭架与整枝

苦瓜抽蔓后及时搭人字架或在蔓长 30 厘米时开始吊蔓，以后每隔 4 ～ 5 节绑蔓一次，当主蔓出现第一雌花时实行单株整枝，其余侧蔓摘除，并及时摘除多余侧蔓、卷须、雄花、雌花和下部的黄叶。

3.1.4.3 肥水管理

定植后结合浇稳苗水，每亩施尿素 5 千克，生物钾肥 2 千克或磷酸二氢钾 5 千克。以后视苗情适量追施提苗肥或对弱小苗重点施肥。苦瓜进入结果期后，一般 10 ～ 15 天结合灌水追施一次复合肥，每亩每次用量 10 ～ 15 千克，共 3 ～ 4 次。后期要注意根外追肥，以防早衰。

3.1.4.4 人工辅助授粉

苦瓜属雌雄异花植株，虫媒花，因早春保护地昆虫活动受阻，坐果率低，采取人工辅助授粉，可显著提高坐果率，提早上市，而且瓜形好。方法是：每天清晨将当天盛开的雄花摘下，去掉花瓣，然后将花粉均匀涂在雌花柱头上，一般 1 朵雄花花粉可供 3 ～ 4 朵雌花授粉，授粉后在雌花上做上标记，以免重复。如雄花花粉少，可在抽蔓期喷洒 0.02% 的高锰酸钾 2 ～ 3 次，可显著增加雄花花粉数量，或采用防落素保花保果。

3.1.5 病虫害防治

主要病害有、霜霉病、白粉病、枯萎病。主要虫害有瓜野螟、烟粉虱。霜霉病用 72% 克露 500 倍液或 72.2% 霜霉威 800 倍液喷雾防治；白粉病用 30% 醚菌酯 1500 倍液；枯萎病用 99% 恶霉灵 3000 倍液灌根；瓜野螟用 1% 甲维盐 2000 倍液及 5% 啶虫隆 1500 倍液喷雾；烟粉虱可用 2.5% 联苯菊酯 800 倍液或 4% 阿维啶虫脒 2500 倍液喷雾防治。

3.1.6 及时采收

及时摘除畸形瓜，及早采收根瓜，当瓜条瘤状突起十分明显，果皮转为有光泽时便可采收，采收完后清理田园。

3.2 草莓栽培技术要点

3.2.1 品种选择

草莓选用红颜、晶瑶、法兰地等优良品种。

3.2.2 播种育苗

3 月下旬开始育苗，苗床畦宽 150 厘米，沟宽 35 厘米，沟深 25 厘米。每畦中间种 1 行，株距 80 ～ 100 厘米，亩栽母株 350 ～ 450 株；也可种两行，株距 40 ～ 50 厘米，亩栽母株 700 ～ 900 株，种时须浅栽，并浇透定根水。成活后应及时做好施肥、灌水抗旱、排水、培土、除草、病虫害防治等工作。遇连续高温干旱天气，应加强肥水管理和病虫害防治，并覆盖遮阳网降温。8月上、中旬拔除弱苗小苗和近母株的老化苗，挖掉母株苗（或摘除母株苗叶片）。8月中旬后停止施肥，控制水分，促进花芽分化。对长势旺的苗地，可进行断根处理。单行种植繁殖系数可达 1 ∶ 80 以上，每亩可生产28000 ～ 36000 株以上合格苗；双行种植繁殖系数可达 1 ∶ 50 以上，每亩可生产 35000 ～ 45000 株以上种苗。

3.2.3 整地施肥定植

结合整地亩施复合肥 50 千克（有机质含量、氮磷钾含量为20 ∶ 10 ∶ 4 ∶ 6）、硫酸钾 10 千克、饼肥 100 千克。按 90 厘米开厢作高畦，9 月上中旬采用双行三角形种植法，株距 15 ～ 20 厘米，行距 20 ～ 30 厘米，亩栽 12000 株左右，定植成活后铺软管滴管并覆盖黑色地膜。

3.2.4 田间管理

3.2.4.1 温、湿度管理

12 月下旬大棚内上膜，即在棚内与外层膜相隔 18 ～ 24 厘米处再加盖一层薄膜，以防冻害。萌芽至现蕾期，白天温度控制在15℃～ 20℃，夜间 8℃左右，夜间温度高于 5℃时可拆除内棚，棚温高于 30℃时应及时进行单边或双边揭膜降温，棚内湿度尽可能保持在 70% ～ 80%，特别是结果期，中午气温较高时应及时掀膜降湿。

3.2.4.2 肥水管理

分别在草莓顶果达拇指大小、开始采收和采收盛期施 3 次追肥，亩施氮磷钾复合肥 8 千克左右，磷酸二氢钾 4 ～ 5 千克，采用塑料软管滴灌方法施入，以后各花序果采收时酌情追叶面肥。复合肥、叶面追肥施用浓度控制在 0.3% ～ 0.4%。有条件的情况下，在始花至坐果期，每亩施有机 CO_2 缓释颗粒肥 50 千克或其他方法增加 CO_2 浓度，以增强光合作用。采用塑料软管滴灌补水，大致 10～20 天灌 1 次，可结合施肥进行灌水，严防大水漫灌。

3.2.4.3 综合管理

植株旺盛生长期，注意整枝摘叶，留 1 个主蔓，其余侧蔓都摘除，老叶、枯叶全部打掉，每次只保留 5 片功能叶。在盖棚后至次年 3 月放蜂，每棚放 1 箱蜂，提高坐果率，减少畸形果。放蜂期间注意棚要密封（薄膜、防虫网），喷药时保证虫蜂的安全。

3.2.5 病虫害防治

元月份以前做好大棚的通风透气的前提下，基本不需打药防病，2 月份后应及时做好灰霉病、白粉病和蚜虫等防治工作，灰霉病可用 40% 嘧霉胺 800～1600 倍液或 50% 腐霉利 2000 倍液喷雾防治；白粉病可用 30% 醚菌脂 1500 倍液或 10% 噁醚唑 1500 倍液喷雾防治。喷施药剂应在 16 时以后进行，采果前 7 天禁止使用农药，以保证果实的食用安全。

3.2.6 采收

应在八至九成着色时及时采收，切忌过度成熟变软时采摘。

模式二：春黄瓜—夏豇豆—红菜薹（秋芹菜）

1. 模式效益

春黄瓜亩产量 4000～5000 千克，亩产值 6000～10000 元；夏豇豆亩产量 1500～2000 千克，亩产值 2500～4000 元；红菜薹亩产量 1500 千克左右，亩产值 3000～4000 元（秋芹菜亩产量 3000 千克，亩产值 4500 元），该模式总产值 1.15 万～1.8 万元。

2. 茬口安排

春黄瓜元月中下旬播种育苗，2 月下旬至 3 月上旬定植，4 月下旬采收，6 月上旬罢园；夏豇豆 6 月中旬直播，8 月上旬始收，9 月上旬罢园；红菜薹 8 月中旬播种育苗，9 月中旬定植，10 下旬至次年 2 月上旬采收；芹菜 8 月中下旬播种育苗，9 月下旬定植，12 月中旬至翌年 2 月采收。

3. 关键栽培技术

3.1 春黄瓜栽培技术要点

3.1.1 品种选择

选用优质、高产、抗病、节位密、适应性强的品种津优 1 号、津优 10 号、津绿 1 号、津绿 2 号、燕白、申清 1 号等。

3.1.2 播种育苗

地热线加温塑料营养钵育苗，首先整平苗床，按 80 ～ 100 瓦 / 平方米布电热线，电热线上覆土 2 厘米后，再放上育苗钵即可。亩用种量 100 克，播种前用 55℃温水浸种 15 分钟，水温降低后再继续浸泡 8 小时，然后置于 25℃～ 30℃的恒温条件下催芽，待芽出齐后播入营养钵中。播种后第一天地热线通电 1 天 1 夜，第二天白天停止通电，晚上通电，苗出齐后停止通电，防止苗子徒长。如遇寒潮天气注意通电保温防寒。苗期注意通风见光防病害，苗龄 30 ～ 35 天。

3.1.3 整地施肥定植

前茬收获后及时深翻 20 ～ 25 厘米，炕地 10 ～ 15 天。底肥每亩施有机复混肥 150 千克。定植前一周按 1.3 米作高畦，铺地膜和滴灌带待栽。3 月上中旬，三叶一心时抢晴天定植于大棚内。宽行 80 厘米，窄行 50 厘米，株距 30 ～ 35 厘米，亩定植 4000 株。

3.1.4 田间管理

3.1.4.1 温度管理

定植后闭棚一周，促进幼苗迅速缓苗成活，其后视天气变化适时通风、见光。白天温度控制在 20℃～ 25℃，夜间 15℃～ 18℃，若遇寒潮要多层覆盖保温，气温回升后可适当掀开裙膜通风。当气温稳定在 25℃左右时可将围膜揭去，留顶膜。

3.1.4.2 肥水管理

活苗后追肥 1～2 次，每亩每次施复混肥 5～7.5 千克，促幼苗健壮生长。早春气温低，生长速度慢，可适当追施 1～2 次叶面肥。采收期每采收 3～4 次追肥一次，每亩施复混肥 10 千克，天旱时可结合灌水进行，后期喷施叶面肥 2～3 次，可防植株早衰。

3.1.4.3 搭架绑蔓

蔓长到 20～30 厘米时应及时绑蔓上架以利植株正常生长。一般用 2.5 米左右的竹篙搭成人字花格支架或用尼龙绳吊蔓。

3.1.4.4 保花保果

春季气温低，棚内昆虫活动少，黄瓜坐果率低，可用坐果灵提高坐果率。使用浓度：气温 15℃～20℃时 10 毫升兑水 1.5 千克，15℃以下 10 毫升兑水 1.25 千克，20℃以上 10 毫升兑水 2 千克。雌花呈蕾状即将开放时，晴天 10 时前，16 时后进行，2～3 天一次，以浸花为主。

3.1.5 病虫害防治

黄瓜的主要病虫害有霜霉病、细菌性角斑病、疫病、根腐病、烟粉虱。霜霉病、疫病发病前可用 10% 氰霜唑 2000 倍液喷雾进行预防，发病初期可用 58% 精甲霜灵锰锌 500 倍液或 72.2% 霜霉威 800 倍液喷雾防治。细菌性角斑病可用 72% 新植霉素或 72% 农用链霉素 3000～4000 倍液喷雾防治，每隔 7 天 1 次，连续 2～3 次。根腐病可用 99% 恶霉灵 3000 倍液或 70% 甲基硫菌灵可湿性粉剂 700 倍液灌根防治。烟粉虱可用 2.5% 联苯菊酯 800 倍液喷雾防治。

3.1.6 采收

一般在温度适宜情况下，雌花开放到果实达到食用成熟度需 7～10 天。根瓜适当早采，有利后续瓜生长。

3.2 夏豇豆栽培技术要点

3.2.1 品种选择

品种选择优质丰产抗病品种，如早佳、早翠、早熟 5 号、正豇555、海亚特等。亩用种量 2 ～ 3 千克。

3.2.2 整地施肥

亩施腐熟有机肥 2000 ～ 3000 千克加饼肥 100 千克，过磷酸钙30 ～ 40 千克，氯化钾 20 千克。深翻 20 ～ 25 厘米，耙平作畦，1.3米下栽开厢，畦宽 80 厘米，沟宽 50 厘米，畦高 20 厘米。

3.2.3 播种

干籽直播，播种前将种子精选，挑选整齐一致，饱满无虫害的种子晒 1 ～ 2 天，每畦播种 2 行，行距 45 厘米，穴距 22 厘米，每穴播 2 ～ 3 粒，播种深度 2 ～ 3 厘米。每亩播 4500 穴，计 9000 株左右。

3.2.4 田间管理

3.2.4.1 肥料管理

豇豆幼苗长出真叶后，要及时追肥，每亩用腐熟稀薄人粪尿追施500 千克，共 3 ～ 4 次，抽蔓时，需施一次重肥，每亩可穴施复合肥30 ～ 50 千克，结荚盛期，需加强追肥，每亩穴施尿素 20 千克。

3.2.4.2 水分管理

第一花序开花坐荚时浇水要足，此后适当控制浇水，防止徒长，促进花序形成，直到主蔓上约 2/3 的花序出现时，再灌一次跑马水，以后地面稍干就需浇水，保持土壤湿润。

3.2.4.3 搭架绑蔓

豇豆长到 7 ～ 8 片复叶后，需用 2.5 米长的小山竹，搭成人字形花架或用尼龙绳引蔓，于晴天的下午进行。主蔓第一花序以下各节的侧芽全部抹掉，主蔓第一花序以上的侧枝留一叶摘心，以促进开花结荚。

3.2.5 病虫害防治

主要病虫害有锈病、煤霉病、白粉病、轮纹病、炭疽病、枯萎病、豆野螟。锈病、煤霉病、白粉病、轮纹病、炭疽病可用 10% 苯醚甲环唑水分散粒剂 1500 倍液或 30% 醚菌酯 1500 倍液喷雾防治，共喷 2 ～ 3 次。根腐病防治参照黄瓜根腐病防治。豆野螟可用 1% 甲维盐 2000 倍液或 5% 啶虫隆 1500 倍液喷雾，地上的落花落荚也要喷雾。

3.2.6 采收

豇豆以开花后 10 ～ 12 天，稍见豆粒突起时采收为好，采收时不要损伤花序上其他花蕾，应抓住豆荚基部，轻轻向左右扭动，然后摘下。

3.3 红菜薹栽培技术要点

3.3.1 品种选择

大股子、十月红、佳红 2 号、佳红 5 号、紫婷等。

3.3.2 播种育苗

苗床应选择壤土或沙壤土，种子兑沙撒播，亩用种量 25 ～ 50 克，每亩苗床播种量约为 0.5 千克。自真叶展开后间苗 2 ～ 3 次，每次间苗后进行追肥，促进幼苗生长。苗龄 25 ～ 30 天。

3.3.3 整地施肥定植

每亩施腐熟厩肥 2000 千克或有机生物肥 150 千克作基肥（腐熟厩肥提前 7 ～ 10 天施入土壤中），然后三耕三耙，2 米开厢，作深沟高畦。定植前一天要把苗床灌透水，次日起苗时带土移栽。挖苗尽量减少伤、断根。行距 40 厘米，株距 30 厘米，亩栽 3500 株左右。大股子行距 60 厘米，株距 40 厘米，亩栽 2700 株左右。

3.3.4 田间管理

3.3.4.1 肥料管理

追肥宜早，特别是早熟品种。定植成活后及时追施提苗肥，每亩用人畜粪尿 1000 ～ 1500 千克，兑水浇施，也可用尿素 5 千克在雨后撒施。植株封行前要施 1 次重肥，每亩沟施复合肥 50 千克（N、P、K 肥具体比例为 15 ： 10 ： 20）。定植成活后中耕 1 次，抽薹封行前中耕 1 次，将杂草除净，并在植株基部适当培土，以防倒伏。

3.3.4.2 水分管理

晴天定植后灌 1 次定根水。在叶片生长或采收过程中，如遇天旱应及时灌水，保持土壤湿润，但切忌田间渍水。严冬来临前宜控水，以免遭冻害。

3.3.5 病虫害防治

主要病虫害：霜霉病、软腐病、黑腐病、烟粉虱。霜霉病发病前可选用 10% 氰霜唑 2000 倍液喷雾预防，发病初期可用 72% 克露 500 倍液或 72.2% 霜霉威 800 倍液喷雾防治；软腐病和黑腐病可选用 72% 农用链霉素 4000 倍液或 72% 新植霉素 4000 倍液喷雾防治；重点喷雾叶片背面，间隔 7 ～ 10 天 1 次，连续 2 ～ 3 次（烟粉虱防治见前）。

3.3.6 采收

主薹宜早采割，"主薹不掐，侧薹不发"。当主薹长至 30 ～ 40 厘米，1 个或 2 个花蕾初开时为采收适期，采收时在主薹的基部割取，切口略倾斜，以免积水而引起腐烂。切割时注意保留基部几个腋芽，以保证侧薹抽长粗壮。侧薹采收时，每个薹基部留 1 ～ 2 片叶，以使萌发下一级菜薹。

3.4 秋芹菜栽培技术要点

3.4.1 品种选择

玻璃脆、津南实芹、意大利冬芹、文图拉、百利、日本小香芹等。

3.4.2 播种育苗

播前必须进行低温浸种催芽。首先将种子进行筛选除杂，晒种 2 天，用凉水浸种 24 ～ 36 小时后搓洗 2 次，以见清水为好，种子经 1 ～ 2 天浸泡后，基本吸足水分，把种子捞出沥干，及时用纱布包好，放在 15℃～ 18℃的环境（如冰箱冷藏室、水井上方），每天取出用清水洗一遍，再放到阳光下晾晒，这样反复 3 ～ 4 次后，待 60% 的种子露白即可播种。播前先灌水，待水渗下后，再播种，将种子和细沙按 1 : 1 的比例拌匀撒播，播后盖上一层 0.3 厘米厚的细土，浮面覆盖一层遮阳网，亩用种量 250 克，既可直播，也可移栽。

3.4.3 整地施肥定植

每亩底施腐熟厩肥 4000 ～ 5000 千克、过磷酸钙 30 ～ 35 千克、尿素 10 ～ 15 千克。按 1.5 ～ 2 米宽开厢，沟宽 0.5 米，沟深 0.20 ～ 0.25 米。当幼苗有 5 ～ 7 片真叶、苗龄 45 天左右即可定植。本地芹行距 15 厘米、株距 10 厘米，西芹行距 20 厘米、株距 20 厘米，栽后立即浇水。

3.4.4 田间管理

3.4.4.1 苗期管理

出苗前苗床上要覆盖稻草或遮阳网降温保湿防暴雨，并经常浇水，保持床土湿润。出苗后要及时揭开遮阳网，并利用大中棚或搭建凉棚覆盖遮阳网，做到白天盖、早晚揭，晴天或暴雨天盖、阴天揭。如果土壤缺水，于 17 时后浇水或开启喷灌设施喷水，保持土壤湿润。

3.4.4.2 肥水管理

定植后直到成活要勤浇水，保持土壤湿润。缓苗后应控制浇水，进行浅中耕，促发新根。定植后 10 ～ 15 天，追施腐熟清粪水一次。每隔 15 ～ 20 天，结合灌水每亩每次追施 5 ～ 6 千克尿素、5 千克钾肥、普钙 5 ～ 10 千克。植株生长中后期可叶面喷施 0.3% ～ 0.5% 磷酸二氢钾。采收前 10 ～ 15 天喷施硼肥，亩用量 0.5 千克。

3.4.5 病虫害防治

病害主要有斑枯病、叶斑病、病毒病等，虫害主要是蚜虫。防治斑枯病、叶斑病和黑腐病可用 30% 醚菌脂 1500 倍液，每 7～8 天交替喷防 2～3 次。防治病毒病应加强肥水管理，防旱防涝，发现病株及时拔除，用 20% 的盐酸吗啉呱乙酸铜 300 倍液或 15% 的植病灵 Ⅱ 800 倍液喷雾治疗，并且及时防治蚜虫，以阻断蚜虫传播病毒的途径。冬季棚内湿度大时，可用虫螨净烟雾剂熏杀，每亩每次用种量为 400～500 克。

3.4.6 采收

秋芹菜长至 25 厘米左右开始采收。采收时，应连根拔起，洗净、去除老叶，做到净菜上市。

模式三：春辣椒—秋黄瓜—冬莴苣

1. 模式效益

辣椒亩产量 3200～4500 千克，产值 8500 元，黄瓜亩产量 4000千克，产值 5000～6000 元；莴苣亩产量 3000 千克，产值 3500 元。该模式每亩总收入 1.8 万元。

2. 茬口安排

辣椒 10 月上旬播种育苗，次年 2 月中旬定植，4 月上旬收获，7月中旬罢园；秋黄瓜 7 月中旬播种育苗，7 月下旬定植，10 月上旬罢园，冬莴苣 9 月中下旬播种育苗，10 月下旬定植，次年 1 月底罢园。

3. 关键技术

3.1 辣椒栽培技术

3.1.1 品种选择

春晓、早杂、湘研 21 号、新佳美等。

3.1.2 播种育苗

苗床应提早深翻、晒垡，施足底肥，然后打碎作畦，要求畦高于平地 15 厘米以上，畦宽 1.5 米，每亩用苗床 10 平方米，亩用种量

50 克。种子浸种催芽后直播于苗床，播后铺上地膜插上小拱棚保温。11 月中旬 3～4 片真叶时分苗到营养钵中，苗期预防低温冻害。

3.1.3 整地作畦定植

深翻土壤并施足底肥，亩施腐熟厩肥 5000 千克，复合肥 50 千克，过磷酸钙 30～40 千克。按 1.33 米（包沟）下栽，作成深沟高畦，沟的深度为 25 厘米，宽度为 33 厘米。畦上覆盖地膜。移栽时幼苗分级、带药、带肥、带土定植，行株距为 55 厘米 ×33 厘米，每穴 1 株，亩栽 3800 株左右，定植后浇足定根水。

3.1.4 田间管理

3.1.4.1 温度管理

定植后 5～7 天要保持较高温度，温度宜维持在 25℃～30℃左右，如果夜间温度低，还可在小棚上加盖草帘进行保温，缓苗期间可不通风。缓苗后要通过通风适当降低棚温，白天气温保持在 20℃～25℃，夜间保持在 13℃以上；开花结果初期遇低温寒潮天气要采取多层覆盖进行保温。5 月中旬后，可将大棚裙膜拆除，顶膜直到罢园拆除。

3.1.4.2 肥水管理

定植后至缓苗期间不浇水，开花结果期要加强水分供应，开花后每隔 7～10 天浇一次水。苗期轻施一次"提苗肥"，但氮肥不宜过多。开花结果期，结合灌水每采收 2 次后追肥一次，每亩每次追施复合肥 15 千克，灌水要在晴天上午进行，灌水后加强放风，降低棚内空气湿度，有条件的尽量采用滴灌方式进行灌溉。开花坐果期还可用 0.3% 磷酸二氢钾进行叶面喷洒，以促进坐果。

3.1.4.3 其他管理

生长前期及时摘除植株茎基部生长旺盛的侧枝，以减轻营养消耗；中后期摘除植株内侧过密的细弱枝和下部黄叶，改善植株中下部生长发育环境。在早春季节为了防止因温度过低引起落花，可用

$20 \sim 30 \times 10^{-6}$ 防落素喷花。

3.1.5 病虫害防治

主要病虫害有疫病、病毒病、炭疽病和烟粉虱。疫病发病初期可用 45% 百菌清烟雾剂闭棚熏蒸，或用 53% 精甲霜灵锰锌 500 倍液或 10% 氰霜唑 2000 倍液喷雾防治防治；炭疽病在开花结果初期喷 70% 甲基硫菌灵可湿粉剂 700 倍液或 30% 醚菌酯 1500 倍液喷雾防治；病毒病在发病前可用盐酸吗啉胍 300 倍液或 1.5% 植病灵 2 号水剂 800 倍液喷雾防治。烟粉虱防治可用 4% 阿维啶虫脒 2500 倍液或 2.5% 联苯菊酯 800 倍液喷雾。

3.1.6 采收

辣椒果实依成熟度不同分青熟期（青椒）及红熟期（红椒），青椒和红椒均可上市。青椒的采收期以果实充分膨大，果实绿色，果肉肥厚时采收为宜，门椒的采收要及早进行，以免影响上部其他果实的生长发育。红椒的采收期则以果色由茶褐转为红色或深红色采收为宜。

3.2 夏秋黄瓜栽培技术要点

3.2.1 品种选择

津优 1 号、新津春 4 号。每亩用种量 50 ～ 100 克。

3.2.2 播种育苗

遮阳网覆盖营养钵育苗，播种前将种子在太阳下晒 2 天，先用水浸泡 4 小时，然后用 55℃ 温水浸种 15 分钟，注意不断搅拌，播种于营养钵，并盖上细土。苗龄 10 天，3 叶 1 心时定植。

3.2.3 整地施肥定植

前茬收获后及时深翻土壤 20 ～ 25 厘米，1.3 米下栽开厢，深沟高畦栽培，畦高 20 厘米，畦宽 83 厘米，沟宽 50 厘米。结合整地每亩施腐熟的猪牛粪 3000 千克，人粪尿 500 千克或饼肥 200 千克。行距为宽行 80 厘米，窄行 45 厘米，株距 25 厘米，每亩定植 4000 株左右。

3.2.4 田间管理

3.2.4.1 肥料管理

掌握轻施、勤施、分次施的原则，施提苗肥 2 次，每次每亩施腐熟稀人粪尿 500 千克，促进植株生长。插架前每亩穴施人粪尿1000 千克加复合肥 50 千克，开花结果期，每采收 2～3 批果，每亩施尿素 10 千克，每 7 天喷施磷酸二氢钾叶面肥 1 次，共 3～4 次。

3.2.4.2 水分管理

结果期需水量大，若遇干旱，则要结合追肥及时灌水，防止土壤龟裂影响根系发育。若遇暴雨，则要及时清沟排渍，做到雨住沟干。

3.2.4.3 搭架、绑蔓

植株开始抽蔓时，及时搭架，以后随植株生长及时绑蔓。

3.2.5 病虫害防治

见前面春黄瓜病虫害防治方法。

3.3 冬莴苣栽培技术要点

3.3.1 品种选择

正兴三号、种都 5 号、雪里松、种都青、香山飞雪。

3.3.2 播种育苗

种子要经低温处理，即将种子浸泡 6～8 小时洗净，甩去明水，用湿布包裹，放入冰箱保鲜层或吊入水井上方，一般 3～4 天即可发芽。将发芽种子拌细沙土均匀撒播或点入营养钵中育苗，播种后用遮阳网浮面覆盖，70%～80% 幼苗出土后揭去覆盖物。2～3 片真叶时第一次间苗，4～5 片真叶时第 2 次间苗并定苗。苗距 15 厘米，结合间苗，施稀薄腐熟人粪尿提苗培育壮苗。

3.3.3 整地施肥定植

土壤早耕多耙，耕层深度 15～20 厘米。每亩施腐熟厩肥 4000千克加饼肥 100 千克或腐熟有机肥 1500～2000 千克加三元复合肥

75～100千克。腐熟厩肥提前7～10天施入土壤中，然后三耕三耙，按2米下栽作深沟高畦，畦面宽1.6米，盖地膜待幼苗5～7片真叶、苗龄30～35天时定植。株距30厘米，行距40厘米，每亩定植5000～5200株。

3.3.4 田间管理

3.3.4.1 肥料管理

定植成活后每亩宜追腐熟人粪尿500千克。在植株封行前（莲坐期）进行第2次追肥，每亩行间穴施三元复合肥25千克，结合防治病虫害喷2次叶面微肥。

3.3.4.2 水分管理

定植成活后，若遇干旱及时灌跑马水保墒，切忌大水漫灌，采收前20天停止灌水施肥；多雨时及时排水，防止田间渍涝。

3.3.4.3 温度管理

宜在11月下旬后霜冻前及时扣棚。阴雨天注意棚内保温，晴天的白天将棚两头打开通风换气，降低棚内湿度，保持棚内空气干燥，减轻病害发生。

3.3.5 病虫害防治

主要病害有霜霉病、灰霉病、菌核病。霜霉病可用72%克露500倍液或58%精甲霜锰锌500倍液喷雾防治；菌核病和灰霉病可用50%异菌脲悬浮剂800～1600倍液或40%嘧霉胺悬浮剂800～1600倍液喷雾防治。7天1次，连续2次。

3.3.6 采收

当莴苣主茎顶端和最高叶片的叶尖相平时即可采收。冬莴苣一般在元旦前收获。宜选择晴天露水干后采收。

模式四：春瓠瓜—秋茄子—冬萝卜

1. 模式效益

春瓠子亩产量5000千克，产值7000元；秋茄子亩产量3500千克，产值 5000 元；萝卜亩产量 3500 ～ 4500 千克，产值 3000 ～ 4000 元。该模式亩总产量 12000 ～ 13000 千克，亩总产值 1.5 万～ 1.6 万元。

2. 茬口安排

春瓠子 1 月中旬播种，2 月中旬定植，4 月中旬始收，6 月中旬罢园；秋茄子 5 月中旬播种，6 月中旬定植，8 月中旬始收，10 月上旬罢园。冬萝卜 10 上旬播种，12 月上旬始收，2 月中旬罢园。

3. 关键技术

3.1 春瓠子关键栽培技术

3.1.1 品种选择

本地栽培多以浙蒲二号、早杂二号、秀玉为主。

3.1.2 播种育苗

1 月中旬播种，地热线育苗，亩用种量 0.25 千克。播种前用 55℃温水浸种 15 分钟，水温自然降低后再浸种 12 ～ 24 小时，然后用地热线加温催芽。播种前先铺一层细沙，厚度以盖没地热线为宜，播种后再覆一层细沙盖籽，厚度以不见种子为度。地热线催芽温度 30℃～ 33℃，约 7 ～ 10 天出齐。当子叶脱落微展露心叶时，抓住冷尾暖头晴天之机立即移入塑料营养钵中育壮苗。苗期要注意保温防寒，通风透光，苗龄 30 ～ 35 天。

3.1.3 整地施肥定植

地块轮作 2 ～ 3 年以上。前茬收获后及时深翻 20 ～ 25 厘米，炕地 10 ～ 15 天。并施足基肥，每亩施腐熟厩肥 3000 千克或优质复合肥 150 千克。定植前一星期按 1.3 米作高畦，铺地膜待栽。2 月下旬至 3 月上旬当棚内地温稳定通过 12℃以上时抢晴天定植，小棚覆盖。宽行距 80 厘米，窄行距 50 厘米，株距 40 厘米，亩栽 1700 ～ 1800 株。定植后及时浇清粪水压根，闭棚 4 ～ 5 天，以利保湿增温促活苗。活苗后，大棚由小到大通风换气。逐渐适应自然环境。

3.1.4 田间管理

3.1.4.1 肥水管理

缓苗一星期后施提苗肥 1 ~ 2 次，每次每亩施腐熟人粪尿 500 ~ 750 千克或优质复合肥 7 ~ 8 千克，促幼苗健壮生长。乙烯利处理后为防植株生长受抑制要加大追肥量，每亩施尿素 8 ~ 10 千克或进口复合肥 10 ~ 15 千克，第一台果大量坐果时，每亩再追施进口复合肥 15 千克，另加人粪尿 750 千克，以后每隔 10 天，每亩每次施进口复合肥 20 千克或人粪尿 2000 千克，以满足植株不断开花结果的需要。还可结合病虫防治，经常混配叶面肥喷施。

3.1.4.2 植株调整

瓠子抽蔓后及时搭架，当植株生长到 1.5 米以上时，即雌花连续出现再现雄花时，立即摘顶，以促进植株下部果实膨大成熟。同时植株生长过旺时应适当剪去无效侧枝，以利通风通光，减少养料消耗和防止病害发生蔓延。

3.1.4.3 乙烯利处理

当秧苗具 5 ~ 6 片真叶时，用喷雾器喷施 150×10^{-6} 乙烯利（40%乙烯利原液 1 毫升兑水 2.5 千克）处理幼苗，喷施后加强肥水管理，以免抑制植株生长。经乙烯利处理的植株主蔓雌花多，雄花少，瓜型好，产量高。同时要留 15% ~ 20% 植株不处理，任其自然开雄花，供人工授粉时用。

3.1.4.4 人工辅助授粉

瓠子属雌、雄同株异花植物，虫媒花，自然坐果率低，需进行人工辅助授粉。方法是每天清晨 5 ~ 6 时将当天盛开的雄花摘下，去掉花瓣，将花粉轻涂在已开放的雌花柱头上，一般一朵雄花可供 2 ~ 3 朵雌花授粉。授粉后做上标记，以免重复。

3.1.5 病虫害防治

病害主要有灰霉病、炭疽病、白粉病。灰霉病可选用 50% 异菌脲或 40% 嘧霉胺 800 ～ 1600 倍液、50% 腐霉利 2000 倍液喷雾防治；炭疽病可选用 10% 苯醚甲环唑 1500 倍液防治；白粉病可用 30% 醚菌酯 1500 倍液或 10% 苯醚甲环唑 1500 倍液或 70% 甲基硫菌灵 700 倍液防治。上述药剂可交替使用。

3.1.6 采收

当果实有 0.4 ～ 0.6 千克大小适时采收，用剪刀剪断瓜蒂，千万别用手硬扯，以免拧伤瓜蔓。采收应在清晨露水干后进行，果实分级包装上市，以提高商品价格。

3.2 秋茄子关键栽培技术

3.2.1 品种选择

紫龙 7 号、鄂茄三号、川崎长茄。

3.2.2 播种育苗

5 月中旬将种子撒播于苗床，集中育苗，待幼苗有 3 片真叶时移入塑料营养钵中培育壮苗。营养土要疏松、肥沃、潮湿，以炕晒半年以上园土为好。炎热夏天高温暴雨暴晒期间育苗，一定要科学用好遮阳网、农膜等覆盖物。坚持"白天盖，傍晚揭；强光时盖，弱光和阴天时揭；大雨时盖小雨时揭"等勤管理措施。宜采取搭凉棚式平面或斜面覆盖育苗，便于通风透光。定植前用 83－增抗剂加绿芬威、磷酸二氢钾等叶面肥每隔 7 天喷雾 1 次，连续 2 ～ 3 次。并用 10% 稀粪水提苗。

3.2.3 整地施肥定植

结合整地每亩施腐熟猪牛粪 2500 千克（或饼肥 150 千克）加优质复合肥 150 千克、过磷酸钙 30 千克，按 1.2 米作成深沟高畦，铺地膜待栽。当幼苗具 5 ～ 6 片真叶时，抢阴雨天或晴天的傍晚定植。每亩定苗 2600 株。宽行 80 厘米，窄行 40 厘米，株距 50 厘米。定植后及时灌定根水。提倡使用避雨栽培、软管滴灌技术。

3.2.4 田间管理

3.2.4.1 肥料管理

植株生长期间，苗期每隔 10 天左右，每亩追施人粪尿 750 千克或尿素 10 千克，促幼苗早发，果实坐稳后可追施进口复合肥、尿素或腐熟粪肥。开始 2 ～ 3 次，以复合肥为主，每次每亩施 15 ～ 20 千克；后 2 ～ 3 次以尿素为主，每次每亩施 10 ～ 15 千克；8 月下旬后天气渐凉，以追施速效叶面肥为主，结合病虫防治，喷花保果进行。以满足果实不断采收、生长膨大的需求。

3.2.4.2 水分管理

秋茄子生长期间正值高温暴雨暴晒，水分不足易引起落花落果，果皮粗糙，植株早衰。要注意经常浇灌。土壤湿度保持在 80% 左右。梅雨期间，暴雨频繁，田间易受渍被淹，易引起病害。需及时清沟排渍防涝，田块一定要做到雨住沟干。确保植株在不良气候下仍正常生长发育。

3.2.4.3 整枝、摘叶、设立支架

秋茄子生长旺盛，应经常整枝摘叶，一般在门茄下面留一壮枝，对茄上各留两个壮枝其他侧枝全抹掉。以减少营养消耗，促进坐果，并摘去下部老叶、黄叶、病叶、虫叶，植株进入旺盛生长期应及时设立支架并在畦两头固定木桩，然后在畦两边用尼龙绳拉直固定在畦两头木桩上，防止植株倒伏及烂果。

3.2.4.4 保花保果

茄子开花后，待花瓣开放时用 30×10^{-6} 坐果灵＋快灵 1000 倍液配好喷花。可用喷雾器或用手沾均可。喷药时可加 0.2% 尿素或 0.2% 磷酸二氢钾、滴滴神等叶面肥一起喷施，可保花增肥，促植株健壮生长，延长采收期，增加产量。

3.2.5 病虫害防治

病害主要有绵疫病。可用 72.2% 霜霉威 800 倍液或 58% 精甲霜

锰锌 600 倍液防治。虫害主要有烟粉虱,可用 4% 阿维啶虫脒 2500 倍液或 2.5% 联苯菊酯 800 倍液喷雾防治。

3.2.6 采收

采收适时判定的标志是看萼片与果实相联结处的白色或淡绿色彩环状带,环状带不明显,表示生长转慢,需及时采收。

3.3 冬萝卜栽培技术

3.3.1 品种选择

雪单一号、玉长河、世纪长白春、天鸿春。

3.3.2 整地基肥

前茬收获后及时深翻,每亩施腐熟有机肥 3000 千克,进口复合肥 30 千克,或进口复合肥 150 千克,饼肥 100 千克,结合整地撒施,在 6 米或 8 米的大棚内,按畦包沟 1 米作成高畦待播。

3.3.3 适时点播

应采取穴播,每穴点籽 1 ～ 2 粒,穴距 20 ～ 25 厘米,每畦点两行,每亩种植 6000 穴,用种量约 80 克。播后用细土覆盖 0.5 厘米厚,然后盖地膜保温。地膜要求拉紧贴地面,四周用土压实。

3.3.4 田间管理

3.3.4.1 破膜定苗

播后 3 ～ 5 天齐苗,此时要及时破地膜,用手指钩出一个小洞,使小苗露出膜外,一星期后对缺株穴立即补播。萝卜开始破白后,用湿土压薄膜破口处,既可防风吹顶起,又能增温保湿。幼苗 2 ～ 3 叶时,4 ～ 5 片真叶定苗,每穴留壮苗 1 株。

3.3.4.2 肥水管理

冬萝卜在施足基肥的基础上,追肥在萝卜破白露肩时分别用速效氮肥追施 1 ～ 2 次,施肥时切忌离根部太近,以免烧根。肉质根膨大期间,每亩施一次进口复合肥 10 千克。生长期间,土壤如过干可选择晴天午后灌跑马水,田间切勿积水过夜或漫灌。若气候干燥,特别是萝卜肉质根膨大期间应及时补充水分。同时防止田间积水，雨后排渍。以防止肉质根腐烂和开裂。

3.3.4.3 盖棚保温

11 月中下旬气温降至 15℃以下时应及时盖大棚膜增温。

3.3.5 病虫害防治

苗期注意防治黄条跳甲，可用 80% 敌敌畏 800 倍液喷雾；中后期防治好蚜虫 20% 吡虫啉 2000 倍液、10% 溴虫腈 2000 倍液等药剂防治。主要病害是霜霉病，可选用 72% 克露 600 倍液、72% 霜霉威 800 倍液、10% 氰霜唑 2000 倍液防治。

3.3.6 采收

一般播后 60 ～ 65 天采收。可根据市场行情，提前或延后 10 ～ 15 天采收，收获时注意保护肉质根，应直拔轻放，防止损伤肉质根影响外观。

模式五：小白菜—小白菜—生菜—油麦菜—大白菜秧—小白菜

1. 模式效益

这是周年快生菜栽培模式，每茬产量 700 ～ 1200 千克，每茬产值 2000 ～ 3000 元，全年总产量 4200 ～ 7000 千克，总产值 15000 ～ 20000 元。

2. 茬口安排

小白菜 3 月中旬播种，4 月中旬上市；小白菜 4 月中旬播种，5 月中旬上市；生菜 5 月下旬播种，7 月下旬上市；油麦菜 8 月上旬播种，10 月上旬上市；大白菜秧 10 月中旬播种，11 月中旬上市；小白菜 11 月中旬播种，次年 1 月下旬至 3 月上旬上市。

3. 关键技术

3.1 小白菜栽培技术要点

3.1.1 品种选择

上海青、矮抗青、抗热 605、四季全能小白菜。

3.1.2 整地施肥

前茬收获后要早耕炕晒，结合整地每亩施腐熟有机肥 200 千克，复合肥 30 千克，耙细整平，按 2 米宽开厢待播。

3.1.3 播种

播种量依食用要求与栽培季节不同而异，既可直播又可育苗移栽。秋季、春季亩用种量 1 千克，夏季为 1 ～ 1.5 千克。冬季利用薄膜覆盖进行保温栽培或育苗，中午高温时要加强通风换气；夏季利用遮阳网进行育苗栽培，要做到晴天盖，阴天揭；大雨盖，小雨揭；白天盖，晚上揭。

3.1.4 田间管理

待苗出齐后，结合除草在 2 片真叶时进行间苗，以利通风透光。生长期间不断地供给充足的肥水，勤施、轻施速效性粪肥，从定植至收获共追肥 3 ～ 5 次，每隔 5 ～ 7 天一次，至采收前 10 天为止。每次亩用尿素 5 ～ 10 千克，中后期可进行叶面施肥。少雨时防止干旱，浇水掌握轻浇，勤浇和早晚浇的原则。多雨时及时排水。夏季若气温达 30℃时应采取遮阳网覆盖，以起到降温遮光，保潮防暴等作用。出苗前直接将网盖在土壤上，出苗后将遮阳网揭起盖在大棚顶上或棚内腰间平铺或棚内小弓棚或矮架平棚上，高度以 1 米以上为宜。同时要掌握揭揭盖盖的方法，一般盖 15 天左右即可揭网。

3.1.5 采收

采收标准：依不同栽培季节市场需求及销售价格来确定。一般植株 6 ～ 8 片真叶，高 15 厘米时采收。采收时，剔除黄叶、病虫叶、杂草，然后按植株高矮，大小分级装筐。

3.1.6 病虫害防治

霜霉病可选用 10% 氰霜唑 2000 倍液喷雾预防，亦可在发病初期选用 72.2% 霜霉威 800 倍液或 53% 精甲霜灵锰锌 600 倍液或 72% 克露 500 倍液交替喷雾防治。黑斑病初发病时可选用 30% 醚菌酯 1500 倍液或 10% 苯醚甲环唑 1500 倍液或 70% 甲基硫菌灵 700 倍液交替喷雾防治。软腐病发病初期用 72% 农用链霉素可湿性粉剂或 72% 新植霉素 3000～4000 倍液喷雾防治，每隔 7～10 天 1 次，连续 2～3 天。小菜蛾可选用 2.5% 多杀霉素 1500 倍液或 5% 啶虫隆 2000 倍液或 1% 甲维盐 2000～2500 倍液或 15% 茚虫威 3750 倍液或 1.8% 阿维菌素 2000 倍液喷雾防治。甜菜夜蛾.斜纹夜蛾人工摘除卵块；性诱剂诱杀；药剂防治：在 3 龄以前点片发生阶段，发现幼虫群窝立即进行防治，喷药宜在傍晚进行。选用 15% 茚虫威 3750 倍液或 1% 甲维盐 2000～2500 倍液或 5% 啶虫隆 1500 倍液或 10% 虫螨腈 2000 倍液等交替防治，7 天左右一次，连续 2～3 次。黄曲条跳甲：可选用 1% 甲维盐 2000～2500 倍液或 80% 敌敌畏 1000 倍液喷雾防治成虫。用 10% 吡虫啉 1000 倍液灌根消灭幼虫。烟粉虱清洁田园，减少基数；药剂防治：可选用 4% 阿维啶虫脒 2500 倍液或 2.5% 联苯菊酯 800 倍液或 0.3% 苦参碱 1000～1500 倍液喷雾防治。

3.2 生菜栽培技术要点

3.2.1 品种选择

选用高产、抗病、优质品种，如香港软尾生菜、意大利生菜、美国结球生菜等。

3.2.2 整地施肥

选择保水保肥力强，排灌良好未种莴苣土壤，早耕深耕炕晒，并施足底肥，每亩施腐熟人粪肥 2000 千克，菜饼 50 千克，复合肥 25 千克，按 2 米下栽开厢。

3.2.3 播种

散叶生菜利用设施栽培，则可周年播种。冬季播种宜在大棚内进行，播后用地膜覆盖；夏季播种须低温浸种催芽，播后立即用遮阳网覆盖。散叶生菜育苗的每亩需用种 0.7～1 千克，可栽 8～10

亩大田，直播的每亩需用种 0.4 ～ 0.6 千克。夏季高温难以出苗，可增加 50% 的用种量。

3.2.3 定植

秋、冬季播种的适合移栽，植株 4 ～ 6 片真叶时定植，每亩栽 20000 株，株行距 14 ～ 18 厘米；春、夏季播种的适合直播，除去过密的苗，植株 4 ～ 6 片真叶时按株行距 10 ～ 12 厘米定苗。

3.2.4 田间管理

夏季必须选用保肥保墒力强的沙壤土，浇水宜轻浇，每晚浇一次，或用喷灌保持土壤湿润，利用遮阳网覆盖栽培。冬季在棚内栽培要注意早、晚密闭保温，少浇水或不浇水。在 2 片真叶时进行第一次追肥，每亩用 10% ～ 20% 腐熟人粪尿 500 ～ 1000 千克轻浇；4 ～ 5 片真叶时，每亩用 20% ～ 30% 腐熟人粪尿 1000 ～ 1500 千克并加尿素 5 ～ 10 千克浇施，以后每隔 7 ～ 10 天再追肥一次，封行后应控制浇水和施肥。

3.2.5 采收

散叶生菜的采收宜早不宜迟，当植株长至 25 厘米高，封行时应及时采收。

3.2.6 病虫害防治

霜霉病参照小白菜霜霉病防治。菌核病用种子包衣剂 2.5% 咯菌腈处理，发现病株及时拔除带出田外集中处理。药剂防治可选用 40% 嘧霉胺 800 ～ 1600 倍液或 50% 异菌脲悬浮剂悬浮剂 800 ～ 1600 倍液或 40% 菌核净可湿性粉剂 1000 倍液喷雾。每隔 7 天喷 1 次，共 3 次。灰霉病防治技术参照菌核病。烟粉虱防治技术参照小白菜烟粉虱。

3.3 油麦菜栽培技术要点

3.3.1 品种选择

选用叶面光滑，抗寒、耐热，耐抽薹，适应性强的品种。武汉地区主要选用四季尖叶油麦菜、高产抗热油麦菜等。

3.3.2 播种育苗

油麦菜既可直播又可育苗移栽，利用大棚设施一年四季均可播种。夏秋播种时需作低温处理即将种子放在 5℃左右的地方或冰箱冷柜处理 2～3 天再播。冬季和早春可直播于大中棚内，亩用种量 70～80 克。育苗移栽，播种前须掺细土一起撒播，播后覆盖一层薄细土，轻浇压籽水。高温天气覆盖遮阳网，低温天气则可在大棚内搭小拱棚。夏季 3～4 天出苗，冬季 7～10 天出苗。苗龄 20 天，亩用种量为 30～40 克。

3.3.3 整地施肥定植

前茬收获后，应及时深翻土壤 20～25 厘米，三耕三耙，按 2 米下栽，作高畦，沟宽 20～25 厘米，沟深 20～25 厘米，结合整地亩撒施腐熟农家肥 3000 千克或优质商品有机肥 200 千克或复合肥 50 千克。整平畦面，待播或待栽。当幼苗长到 3～4 片真叶时即可定植，株行距为 15 厘米 ×15 厘米，定植后及时浇透定根水，3～4 天即可成活。

3.3.4 田间管理

直播幼苗长到 2～3 片真叶时开始第一次间苗，4～5 片真叶开始第二次间苗，7～8 片真叶定苗，保证最终株行距为 15 厘米 ×15 厘米。当幼苗长至 3～4 片真叶或定植成活一周后及时叶面喷施 0.3% 尿素，以后每隔 7～10 天追施 1 次叶面肥＋0.2% 磷酸二氢钾，收获前 7 天停止施肥。油麦菜整个生长发育期要做到小水勤灌，保持田间湿润，切忌漫灌，多雨天气要做好排水工作，做到雨住沟干。夏季高温暴雨季节，在晴天的白天进行遮阳网覆盖，晚上揭除。初霜来临之前及时扣棚，确保油麦菜品质。

3.3.5 病虫害防治

参照莴苣病虫害防治方法。

3.3.6 采收

油麦菜在定植后 30 ～ 35 天、14 ～ 16 片叶时要及时采收，收获时，从根部近地面处整株割下，削去下部老茎，剥除老叶、黄叶、病叶后，分级捆扎上市。

3.4 大白菜秧栽培技术要点

3.4.1 品种选择

应选择抗病、优质、早熟、丰产品种。宜选用早熟 5 号大白菜、速生 9 号、8 号快菜、改良青杂 3 号等。

3.4.2 整地施肥

耕翻土壤 25 ～ 30 厘米，每亩施腐熟粪肥 2000 ～ 2500 千克或复合肥 100 千克，耕平耙细。按畦高 20 ～ 30 厘米，畦宽 2.0 ～ 3.0 米，沟宽 20 ～ 25 厘米作畦。

3.4.3 适时播种

大白菜秧播种适期为 4 至 10 月，播种时宜用细沙拌种，均匀撒播于畦面上搂平，并踏实。每亩用种量 150 ～ 250 克。播种后用遮阳网覆盖，再用喷灌浇水。在高温暴雨的夏季，适当增加种子播种量，亩用种量 200 ～ 250 克。

3.4.4 田间管理

间苗 1 次，在 3 ～ 4 片叶时进行，把过密的或高脚、弱苗除去，并定苗，株行距 6 ～ 8 厘米。追肥 2 次，齐苗后 5 ～ 7 天，进行第 1 次追肥，相隔 7 ～ 10 天后再追肥 1 次，每次用尿素 5 ～ 7 千克。种子播后至收获期，应保持湿润，干旱天气应在早晨或傍晚浇水 1 次，相对湿度大时减少浇水次数，避免畦面积水，浇水时力求均匀，用喷灌浇水为宜，避免水点太大，雨天应清沟排渍，做到雨住沟干。

3.4.5 病虫害防治

主要病害有软腐病、霜霉病等。主要虫害有黄曲条跳甲、菜青虫、小菜蛾等。软腐病可用72%农用链霉素或72%新植霉素可溶性粉剂4000倍液喷雾。霜霉病可用72%克露可湿性粉剂500倍液喷雾或72.2%霜霉威水剂1000倍液喷雾。黄曲条跳甲用1%甲维盐乳油2000～2500倍液喷雾或80%敌敌畏乳油1000倍液喷雾。菜青虫用苏云金杆菌悬浮剂500倍液喷雾或1%甲维盐乳油200倍液喷雾。小菜蛾用2.5%多杀霉素可湿性粉剂1500倍液喷雾或1%甲维盐2500倍液喷雾。

3.4.6 采收

植株宜于长至6～10片叶，株高20～25厘米时采收。

（二）蔡甸区主栽模式

模式一：春辣椒—秋辣椒

1. 模式效益

春辣椒亩产量2138千克，亩产值4413元；秋辣椒亩产量2200千克，亩产值7040元；每亩总产量4338千克，每亩总产值11453元。

2. 茬口安排

春辣椒10月中下旬播种，2月中旬定植，4月下旬始收，6月中下旬罢园；秋辣椒6月底至7月上旬播种，7月底至8月上旬定植，9月采收，12月罢园。

3. 关键技术

3.1. 春辣椒栽培技术要点（所述同前）

3.2 秋辣椒栽培技术要点

3.2.1 品种选择

秋辣椒宜选择耐热，抗病的早中熟品种，如湘早秀、楚农王等。

3.2.2 播种育苗

6月下旬至7月上旬，采用营养钵遮阳网育苗，用10%磷酸三钠或1%高锰酸钾液浸种30分钟后捞出，清水洗净催芽播种，出苗后 12 天左右，当有 2～3 片真叶时，一次性假植进钵，假植宜选阴天或晴天傍晚进行，假植后要盖好遮阳网。

3.2.3 适时定植

苗龄 25～30 天，有 5～6 片真叶时即可定植，每畦种两行，株距 30 厘米，行距 55 厘米，亩栽 4000 株左右。定植后施点根肥，定植时间为阴雨天下午。定植前应加盖顶膜和遮阳网（整地施肥与春辣椒栽培相同）。

3.3.4 田间管理

3.3.4.1 肥水管理

定植后应经常采用软管滴灌或沟灌的方式浇水，保持土壤湿润。进入盛花期后，每 15～20 天结合灌水进行施肥，每亩每次施复合肥 15 千克。后期用 0.2%～0.4% 的磷酸二氢钾作根外追肥。

3.3.4.2 温度管理

加强通风防止温度过高，从定植到缓苗要覆盖遮阳网进行降温。10 下旬后随着气温的降低要放下四周的裙膜，11 下旬大棚实行全覆盖，通风只能在中午前后进行，如遇低温，除大棚覆盖外，还需进行多层覆盖（其他管理与春辣椒栽培相同）。

3.3.5 病虫害防治及采收与春辣椒栽培相同。

模式二：小西瓜—藜蒿

1. 模式效益

小西瓜亩产量 2000 千克，亩产值 3000～5000 元；藜蒿亩产量 2400 千克，亩产值 8000～10000 元。全年总产值约 1.1 万～1.5 万元。

2. 茬口安排

小西瓜 1 月上旬播种，2 月下旬定植，4 月上旬坐果，5 月上旬成熟，6 月中旬罢园；藜蒿 7 月初定植，8 月中旬、9 月中旬、11 月中旬，分别采收第 1、2、3 批。如需供应元旦、春节市场，加盖小拱棚后继续采收 1～2 批。

3.关键技术

3.1 小西瓜栽培技术要点

3.1.1 品种选择

早春红玉、万福来、拿比特等。

3.1.2 播种育苗

提倡工厂化育苗或购买商品苗。采用营养钵或穴盘基质育苗方式培育壮苗。育苗大棚采用多层覆盖，电热线加温。选用未种过瓜类的肥土，按 7 份土壤＋3 份腐熟过筛有机肥＋1.5 千克过磷酸钙配制营养土，播种前温汤浸种，恒温催芽。播种前 1 天将营养钵浇透水，通电升温，播种时种子平放，1 钵 1 芽，盖籽土厚1.5 厘米，覆盖地膜，夜晚在小拱棚上加盖麻袋或草毡，封严三层棚膜。

3.1.3 整地施肥定植

8 米宽大棚按 4 米开厢，定植前 10 天，在整好的畦面中间开沟施肥，亩施 250 千克有机生物肥＋25 千克三元复合肥＋1 千克硼砂＋1 千克硫酸锌充分混合，四成施入定植沟中，六成均匀撒在畦面上，用耕整机耙，让土肥融合，划好定植线。定植前安装滴管带，全膜覆盖地膜。定植时去除病苗、弱苗、畸形苗。小果型品种株距 55 厘米，中果型品种株距 75 厘米，每畦种一行，嫁接苗亩栽350～400 株，自根苗 550～550 株，用 0.2% 磷酸二氢钾溶液浇足定根水。定植后扣紧小拱棚，密封大棚 5～7 天。重茬田块应进行土壤消毒后方可定植。

3.1.4 田间管理

3.1.4.1 温度管理

缓苗期白天维持 30℃，夜间 15℃。夜间 3 层覆盖，日出后由外向内逐层揭膜，午后由内向外逐层盖膜。团棵期白天保持 30℃，超过 35℃时应开始揭开小拱棚膜通风。伸蔓期白天维持 25℃～28℃，夜间维持在 15℃以上，随着外界温度的升高和瓜蔓的伸长，撤掉小拱棚，当大气温度稳定在 15℃时，看风向将大棚的一头揭开通风。开花结果期白天维持 30℃～32℃，夜间 15℃～18℃，以利于花器发育，有足量的花粉传粉受精，促幼瓜迅速膨大。当外界气温稳定通过 25℃时将大棚两侧开口通风。

3.1.4.2 水分管理

定植时一次性浇足定根水，以后根据土壤墒情和瓜苗长相决定是否浇水，如果过于干燥，则用滴灌浇水，到开花坐果期，逐步加大滴灌次数和浇水量。

3.1.4.3 肥料管理

缓苗肥用磷酸二氢钾溶液或氨基酸叶面肥喷雾，长势较弱的瓜苗用 2% 的三元复合肥液体点施。伸蔓肥看苗追肥，长势强劲的瓜苗不施，反之可酌情轻施。膨瓜肥第一批瓜长到鸡蛋大小时，亩施三元复合肥 10～15 千克，采用滴灌方法，在采收前后再滴灌一次，用肥量看苗情长势而定。以后每采收一批瓜就要及时施一次肥。

3.1.4.4 整枝理蔓

整枝方法有两种：一是留 1 主蔓 2 侧蔓，其余的分枝全部去除；二是摘心留 3 条子蔓，团棵期去掉生长点，选留 3 条健壮的子蔓。两方法均留足 3 条蔓，第一批瓜坐果前，彻底整枝抹芽，整枝以后经常理蔓，将瓜蔓斜向均匀地摆放在畦面两侧，在采收第二批瓜后进入高温季节，需要增加分枝，可放任生长。

3.1.4.5 授粉

摘除瓜蔓上的第 1 朵雌花，出现第 2 朵雌花时，用强力坐果灵每袋兑水稀释喷幼瓜。坐瓜后应适度理蔓，喷坐瓜灵后要用不同颜色的油漆进行标记，记录喷施日期，以便计算天数，便于采收时鉴别成熟度。

3.2 藜蒿栽培技术要点

3.2.1 品种选择

云南绿杆藜蒿。

3.2.2 备种苗

在每年的6至9月选择茎秆粗壮的留种株去掉两端已木质化和幼嫩部位，切成10～12厘米长的无叶短梗，插条下端切成斜面，以备扦插。

3.2.3 整地施肥

结合整地亩施腐熟有机肥3000千克，或优质生物有机肥150～300千克，作畦面宽1.2米，开浅沟，将备好的插条按株距7～10厘米靠放在沟的一侧（注意：生长点朝上，不能放反），边排边培土，培土深度达插条的2/3，扦插完毕，浇一次透水。覆盖遮阳网，经常保持土壤湿润，3～4天即有小芽萌发。

3.2.4 田间管理

3.2.4.1 水分管理

浇水施肥同时进行，每施一次肥灌一次透水，灌水宜多勿少，以沟灌渗透为好，尽量不浇到畦面，以免引起土壤板结，影响出苗和透气。

3.2.4.2 肥料管理

幼苗长到2～3厘米时，用清粪水提苗，粪和水的比例为1：5，当幼苗长到4～5厘米时，亩追施尿素10千克，以后每采收一次，施一次肥，方法同上。

3.2.4.3 其他管理

出苗后中耕1～2次，幼苗长到3厘米左右时要及时间苗，使每苑保持3～4株小苗。11月下旬气温降至10℃之前及时覆盖大棚膜，或搭建竹中棚保温，防霜冻。棚内晴天白天保持18℃～23℃，气温高的中午应打开大棚两头通风，以免因湿度过大，通风不良造成藜蒿腐烂或变黑，春节以后气温上升及时揭除盖膜。

3.2.5 病虫害防治

主要病害有根腐病、菌核病、百粉病等，菌核病发病初期可用 40% 嘧霉胺 800 ～ 1600 倍液或 50% 腐霉利 2000 倍液喷雾，隔 7 ～ 10 天喷 1 次即可。百粉病可用 20% 粉锈灵 2000 倍液喷雾防治；根腐病可用 70% 甲基托布津 1500 倍液灌根防治。

3.2.6 采收与留种

10 月中下旬，藜蒿长到 10 ～ 15 厘米左右，根据市场需求，地上茎未木质化便可采收供应市场。收割时，将镰刀贴近地面将地上茎割下，去叶后扎把上市，或直接将毛藜蒿上市。气温适宜 30 天收割一次，气温低时 50 天左右收割一次。上市期一直持续到来年的 3 月份，共可采收 4 ～ 5 茬。春季采收 2 ～ 3 次后，留种田需要进行。

模式三：叶用薯—藜蒿

1. 模式效益

采用该模式，叶用薯、藜蒿每亩平均产量分别可达 4000 千克、2500 千克，叶用薯平均价格在 3.0 元 / 千克左右，藜蒿价格一般在 6 元 / 千克左右，平均每亩纯收入在万元以上，经济效益十分显著。

2. 茬口安排

叶用薯 2 月中下旬扦插，4 月中旬至 8 月下旬上市。藜蒿 8 月下旬至 9 月下旬扦插，10 月中下旬开始采收。

3. 关键栽培技术

3.1 叶用薯栽培技术要点

3.1.1 品种选择

福薯 10 号、福薯 18 号。

3.1.2 整地作畦

亩施腐熟农家肥 2000 ～ 4000 千克、或饼肥 300 千克、或充分发酵的干鸡粪 2000 千克，再加三元复合肥 50 千克。畦长不超过 30 米，畦宽 1.2 米，沟宽 30 厘米，沟深 20 厘米。

3.1.3 合理密植

选择茎蔓粗壮、无病害的植株剪苗，每株苗保留 4 节，入土 2 节，将插入土内部分叶柄剪掉，斜插。行距 22 ～ 25 厘米，株距 18 ～ 20 厘米，每亩定植 1.2 万 ～ 1.5 万株。

3.1.4 田间管理

3.1.4.1 肥水管理

以腐熟粪肥和氮肥为主，适当增施钾肥。定植后 7 ～ 10 天，每亩施用稀薄人粪尿 1000 千克浇施提苗；定植后 30 天结合中耕除草，每亩用 1000 千克稀薄人粪尿加 10 千克尿素、5 千克硫酸钾浇施促蔓；每次采收后用 5 千克尿素、8 千克硫酸钾兑 1000 千克水浇施；每采收 3 ～ 4 次后结合修剪，每亩条施高氮高钾的三元复合肥 10 ～ 15 千克。

3.1.5 采收与修剪

四月中下旬定植的叶用薯生长 45 天后可开始采收，4 ～ 5 叶时每隔 8 ～ 10 天左右采摘一次。首次修剪时间应在第三次采摘完后及时进行，修剪必须保留株高 10 ～ 15 厘米，每丛从不同方向选留健壮的萌芽 4 ～ 5 个，剪除基部生长过密和弱小的萌芽，以后每采摘 3 ～ 4 次修剪一次。

3.1.6 病虫害防治

主要病虫害有甘薯麦蛾、斜纹夜蛾及烟粉虱。甘薯麦蛾、斜纹夜蛾可用多杀霉素、甲维盐等进行防治。烟粉虱防治方法所述同前。

3.2 藜蒿栽培技术要点

3.2.1 精选良种

选生长速度快、商品性能好、产量高的云南绿杆、南京八卦洲藜蒿或本地驯化品种香藜 1 号。

3.2.2 田间管理

藜蒿的最适温度为 20℃～25℃，10 月份后温度逐渐降低，当气温在 10℃以下或霜冻时，藜蒿生长缓慢。为保证藜蒿在元旦、春节期间上市，应在 11 月中下旬气温降至 10℃之前盖上大棚膜保温、防霜冻，棚内温度晴天保持 18℃～23℃。气温高的中午应打开棚两头通风，以免因温度过高而徒长，因湿度过大、通风不良造成藜蒿腐烂或变黑，春节以后气温上升时及时揭除盖膜。当藜蒿嫩株长到 15～25 厘米、顶端心叶尚未散开、颜色浅绿色时贴近畦面收割。气温适宜时 30 天左右收割一次，气温低时 50 天左右收割一次。

模式四：苋菜—苦瓜—莴苣

1. 模式效益

苋菜亩产量 1665 千克，亩产值 4163 元；苦瓜亩产量 6804 千克，亩产值 6394 元；莴苣亩产量 3500 千克，亩产值 4200 元；该模式亩总产量 11969 千克，亩总产值 14757 元。

2. 茬口安排

苋菜 3 月上旬播种，4 月底始收，5 月底罢园；苦瓜 3 月上旬套种于苋菜棚内，5 月底始收，9 月底罢园；莴苣 9 月中旬育苗，10 月中旬定植，1 月底至 2 月初收获。

3. 关键栽培技术

3.1 苋菜栽培技术要点

3.1.1 精选良种

大红袍、穿心红、彩色苋菜等。

3.1.2 整地施肥

三耕三耙，按 2 米开沟作畦，结合整地每亩施腐熟猪粪 4000～5000 千克加复合肥 100～150 千克。农家肥于播种前 10～15 天施于土壤中，复合肥于播种前 2～3 天的施入土壤中，施肥后用旋耕机进行耕作，使肥料与土壤进行充分混合。

3.1.3 播种

晒种 2 ～ 3 天，播种前一天，浇透底水，第二天用细耙疏松畦面，种子宜掺入 8 ～ 10 倍细沙土，均匀撒播到畦面。播后压实畦面并覆盖地膜、无防布或遮阳网保湿，待 70% 种子出苗后揭除。亩播量为 3.5 ～ 4.0 千克。

3.1.4 田间管理

3.1.4.1 温度管理

棚栽苋菜在出苗前以保温为主，四周大棚及小弓棚扎紧密闭，从播种到采收棚内温度宜保持在 20℃ ～ 25℃，采用 2 ～ 3 层覆盖（大棚内面套小棚），温度低于 5℃时，宜在小棚上再加盖一层薄膜或草包等保温材料。

3.1.4.2 肥水管理

出苗前浇足底水，出苗后宜于晴天好结合追肥进行浇水。遇低温时不应浇浇水。每采收一次，宜于采收后 1 ～ 2 天内泼一次肥水，每亩每次用复合肥 10 ～ 15 千克，10% 腐熟粪水 350 ～ 500 千克，中后期宜用叶面肥喷施。

3.1.3 通风管理

苗全后及时揭地膜通风。通风宜先大棚两端打开，内棚封闭；后期通风宜揭小棚膜，大棚两端关闭。之后，两种方法交替使用。在不使苋菜受冻的前提下应多见光。当温度稳定在 20℃ ～ 25℃ 时，应揭去小拱棚，并同时打开大棚的两端。通风时间宜在晴天中午，每次 2 小时。

3.1.4 病虫害防治

苋菜病害少，主要病害是猝倒病和白锈病，发现幼苗猝倒病株要及时拔除；选用 99% 恶霉灵 3000 倍液或 54.5% 噁霉·福美双 1500 倍液喷雾防治。白锈病可用 53% 精甲霜灵锰锌水分散粒剂 500 倍液或 72% 克露可湿性粉剂 500 倍液喷雾防治，喷 2 ～ 3 次，间隔

10 天喷 1 次。虫害主要是小地老虎，用毒饵诱杀，可选用 90% 晶体敌百虫 0.5 千克加水 2.5 ～ 5.0 升喷在 50 千克碾碎炒香的棉籽饼、豆饼或麦麸上，于傍晚在受害田间每隔一定距离撒一小堆，或在根际附近围施，每亩用 5 千克。

3.1.5 采收

苋菜是一次播种，分批采收的叶菜，当株高达到 10 厘米左右，5 ～ 6 片叶时，进行采收，第 1 ～ 3 次采收多与间苗相结合，采大苗留小苗，并注意留苗均匀以提高产量。

3.2 苦瓜关键栽培技术

3.2.1 选用良种

要选择市场适销、耐热性强、耐湿、耐肥、抗逆高产的优质品种，如绿秀、碧玉、碧齐力、台湾大肉等优良品种。提倡使用商品苗。

3.2.2 整地定植

苦瓜忌连作，要与非瓜类作物轮作 3 年以上（否则应选用嫁接苗），在棚两边以 1 米开厢，整成龟背形，沟施复合肥于畦中央，每亩施用撒可富复合肥 50 千克，株距 1.5 米，择晴天抢栽，亩栽 220 株左右，移栽时应将大小苗分开定植，若嫁接苗采用的是靠接法，不宜深栽。

3.2.3 其他管理（所述同前）

3.3 莴苣关键栽培技术（所述同前）

模式四：春菜豆—夏黄瓜—秋番茄（红菜薹）

1. 模式效益

菜豆亩产量 1300 ～ 1800 千克，亩产值 4500 元；黄瓜亩产量 3000 ～ 6000 千克，亩产值 4000 元；秋番茄亩产量 3500 ～ 4000 千克，亩产值 4000 ～ 6000 元；红菜薹亩产量 1500 ～ 2000 千克，亩产值 3000 元，总产值高达 1.45 万元。

2. 茬口安排

春菜豆从 2 月下旬至 3 月上旬播种, 4 月底开始采收上市; 夏秋黄瓜于 6 月上旬播种, 6 月中旬定植, 7 月中旬至 8 月下旬上市; 秋番茄 7 中下旬播种, 8 月中下旬定植, 10 上旬始收, 12 月上旬罢园; 红菜薹 8 月中旬播种育苗, 9 月中旬定植, 10 月下旬开始采收上市, 次年 2 月上旬罢园。

3. 关键技术

3.1 春菜豆栽培技术要点

3.1.1 良种选择

西宁杂交二号、天马架豆、侨育二号、绿龙架豆等。

3.1.2 整地施肥

前茬收获后, 应及时深耕 20 ～ 25 厘米, 耙细。按 1.4 米下栽, 作高畦, 铺地膜待栽(播)。结合整地每亩条施有机生物复混肥 120 千克、过磷酸钙 15 千克。

3.1.3 播种育苗

春菜豆 2 月下旬至 3 月上旬播种, 在高畦上按行距 60 ～ 70 厘米开沟深 3 ～ 4 厘米、宽 10 厘米左右的种植浅沟, 在沟中按穴距 25 ～ 30 厘米点播在大中棚内, 播后覆细土厚 2 ～ 3 厘米, 出芽后 10 ～ 15 天保持每穴留苗两株, 亩用种量 4 ～ 5 千克, 为了提早上市也可 2 月上中旬育苗移栽。

3.1.4 田间管理

3.1.4.1 肥料管理

出苗后或定植成活后 15 ～ 25 天, 亩施 10% 的稀薄腐熟粪肥液或 0.5% 的尿素稀肥水 1 次, 插架前亩用粪肥 200 千克, 尿素 10 千克稀释浇施, 到第一、第二花穗已结出嫩荚 3 ～ 4 个开始采收嫩荚后, 再追施两次重肥, 施肥量是第一次的一倍。在开花结荚期用磷酸二氢钾叶作根外追肥 2 ～ 3 次。

3.1.4.2 水分管理

苗期要保持土壤干干湿湿，小水勤浇；开花结荚期间要始终保持土壤湿润，同时防止水分过多渍水，造成落花落荚。多雨天气要做好排水工作，做到雨住沟干。

3.1.4.3 搭架绑蔓

当主蔓达 10～15 厘米时及时插架，以利通风，架高 2 米，呈反时针方向绕架上升。

3.1.5 病虫害防治

主要病虫害有疫病、根腐病、烟粉虱。防治根腐病可用99% 恶霉灵 3000 倍液或 54.5% 噁霉·福美双 1500 倍液或 70% 甲基硫菌灵 700 倍液灌根。烟粉虱防治方法所述同前。

3.1.6 采收

春菜豆上市期为 4 月底与 5 月初，采收期 30 天左右。

3.2 夏黄瓜栽培技术要点（所述同前）

3.3 秋番茄栽培技要点

3.3.1 品种选择

选用优质、抗病品种，有限生长型如上海合作 903、红帅；无限生长型如斯洛克等。

3.3.2 整地施肥

每亩施腐熟有机肥 4000 千克，复合肥 50 千克，把肥料均匀地撒在土壤里翻耕，整地时按 1.2 米宽（包沟）开厢，土壤要细碎平整，在每小厢中间放置 1 条滴灌管。

3.3.3 播种育苗

播种前用 0.1% 高锰酸钾溶液进行种子消毒，采用 72 孔穴盘育苗，基质泥炭、珍珠岩、腐熟的有机肥的配比是 3：1：1，每亩用种量为 30 克。

3.3.4 田间管理

3.3.4.1 适时定植

8月中旬开始移栽到钢架大棚中，株距 35 厘米，行距 50 厘米，定植深度以地面与子叶相平为宜，定植成活前用遮阳网降温，成活后覆盖黑色地膜。

3.3.4.2 肥水管理

定植宜在阴天或晴天下午进行，一边定植一边浇水，移栽 5 ～ 7 天可浇 1 次缓苗水，然后中耕保墒，控制浇水，适成活后结合浇水进行第一次追肥，每亩施复合肥 16 千克，尿素 10 千克；以后每星期浇一次水，追一次肥每亩每次施复合肥 12 千克左右。

3.3.4.3 保花保果

开花后棚内放熊蜂授粉或人工喷施防落素或用坐果灵沾花。

3.3.4.4 其他管理

株高长到 30 厘米时要搭架绑蔓，单杆整枝，主杆有 3 ～ 4 台果时摘心，及时摘除下部老叶。全程进行避雨栽培，10 月中下旬气温降低时，放下裙膜保温，放熊蜂授粉时，要用防虫网密封大棚。

3.3.5 病虫害防治

主要病虫害晚疫病、灰霉病、烟粉虱等。晚疫病可选用 72.2% 霜霉威 800 倍液喷雾防治；灰霉病可选用 50% 异菌脲 800 ～ 1600 倍液或 40% 嘧霉胺悬浮剂 800 ～ 1600 倍液喷雾防治。烟粉虱可用 4% 阿维啶虫脒 2500 倍液或 2.5% 联苯菊酯 2000 倍液喷雾防治。

3.3.6 采收

果实开始转红时采收。

3.4 红菜薹栽培技术要点（所述同前）

模式五：红苋菜—油麦菜—生菜—大白菜秧—小白菜—小白菜

1. 模式效益

红苋菜每亩产量 3000 千克，亩产值 4000 元；油麦菜、生菜、大白菜秧、小白菜每茬亩产量 600～1000 千克，亩产值 2000～3000 元，全年总产量 6600～10000 千克，总产值 1.6 万～2.2 万元。

2. 茬口安排

红苋菜 12 月下旬至 1 月上中旬直播，3 月中下旬上市；油麦菜 3 月下旬播种，5 月下旬上市；生菜 6 月上旬播种，8 月上旬上市；大白菜秧 8 月中旬播种，9 月中旬上市；小白菜 9 月下旬播种，10 月中旬上市；小白菜 10 月下旬播种，12 月中下旬上市。

3. 关键栽培技术

该模式各品种栽培技术（所述同前）

（三）黄陂区主栽模式

模式一：春黄瓜—夏豇豆—花椰菜（青花菜）

1. 模式效益

黄瓜亩产量为 3500 千克，产值 7000～8000 元；夏豇豆亩产量为 2000 千克，产值 4000 元；花椰菜亩产量为 2500 千克，产值为 5000 元。该模式亩总产量 8000 千克，总产值 1.7 万～1.8 万元。

2. 茬口安排

早春黄瓜在 2 月上旬抢晴天播种育苗，3 月上旬定植大棚，4 月下旬开始上市，6 月中旬罢园；夏豇豆在 5 月底至 6 月上旬直播春黄瓜架下，7 月中旬上市，8 月中旬采收结束；花椰菜（120 天）在 7 月下旬育苗，8 月下旬定植，12 月收获，1 月罢园。

3. 关键栽培技术

3.1 春黄瓜栽培技术要点（所述同前）

3.2 夏豇豆栽培技术要点（所述同前）

3.3 花菜栽培技术要点

3.3.1 品种选择

选择耐寒性强的晚熟性品种，如 120 天花菜。青花菜的品种主要有里绿、绿岭、绿皇等。

3.3.2 播种育苗

采用穴盘育苗，基质是泥炭、珍珠岩、腐熟的有机肥，配比为3：1：1。播种前穴盘浇小水润透，待水渗下后每穴点1粒种子，播后用遮阳网直接覆盖。播种后3天左右幼苗出土时，要及时搭好荫棚。以免遇到暴雨时损伤幼苗。出苗后保持床土湿润，第一片真叶出现后每天浇水1次。每亩需种子35克左右

3.3.3 整地施肥定植

结合整地亩施腐熟厩肥4000千克左右和磷钾肥25～30千克，畦宽（包沟）1米。幼苗长到25天左右，5～6叶时可定植，每畦栽2行，株行距为50厘米×60厘米。每畦放2根滴管进行滴灌。

3.3.4 田间管理

3.3.4.1 肥料管理

花菜一般要进行4次追肥，分别在缓苗期、莲坐初期、莲坐后期和结球期，重点在结球初期。缓苗期亩追施尿素5千克、莲坐生长初期每亩追施尿素7.5千克。莲坐后和结球期，重施追肥，每亩施尿素15千克。

3.3.4.2 水分管理

定植后随即浇水，第二天和第三天的下午再浇1次水，生长前期由于气温高，蒸发量大，应每隔7～10天浇水1次。浇水以保持土壤湿润为准。

3.3.4.3 中耕除草

在生长前期和中期应中耕2～3次，第一次中耕宜深。

3.3.5 病虫害防治

花椰菜的病害主要是黑腐病、霜霉病、小菜蛾、斜纹夜蛾、甜菜夜蛾。防治黑腐病用72%农用硫酸链霉素4000倍液喷雾，每隔7～10天喷1次，连喷2～3次；防治霜霉病参照黄瓜霜霉病的防

治；防治小菜蛾可用 2.5% 多杀霉素 1500 倍液或 5% 定虫隆 2000 倍液喷雾；防治斜纹夜蛾和甜菜夜蛾可用 1% 甲维盐 2000 ～ 2500 倍液或 15% 茚虫威 3750 倍液喷雾。

3.3.6 采收

适时采收的标准是花球充分长大，表面圆正，洁白鲜嫩，致密，边缘花枝开始向下反卷而尚未散开。采收时，在花球外带 5 ～ 6 片叶，这样可以保护花球，便于包装运输，也避免在运输和销售过程中的损伤和污染。

模式二：春茄子—夏黄瓜—冬莴苣

1. 模式效益

春茄子亩产量 4000 千克，亩产值 5500 元；夏黄瓜亩产量 4000 千克，亩产值 4000 元；冬莴苣亩产量 3000 千克，产值 3500 元。该模式每亩总收入 1.3 万元。

2. 茬口安排

春茄子 10 月上旬播种育苗，2 月下旬定植，7 月中旬采收完毕；夏黄瓜 7 月中旬播种育苗，7 月下旬定植，10 月上旬采收完毕；冬莴苣 9 月中下旬播种育苗，10 月下旬定植，1 月底罢园。

3. 关键栽培技术

3.1 春茄子栽培技术要点

3.1.1 品种选择

汉宝 1 号、紫龙 3 号、黑龙长茄。鄂茄子 3 号（迎春 1 号）、春晓等，亩用种量 50 克。

3.1.2 播种育苗

苗床整理好后，播种前一天打足底水，当天将土耙平耙细后，将干种子均匀撒播在苗床上，覆盖一层干细土，土厚 0.5 ～ 1.0 厘米，以盖没种子为宜，然后贴地盖一层地膜，在地膜上覆盖二层遮阳网或稻草等遮阳材料，种子出土后及时揭去覆盖物。2 叶 1 心时分苗，晴天移入塑料营养钵中，塑料钵规格为 0.1 米 ×0.1 米为宜，移苗时打足底水，移苗后白天气温控制在 20℃～28℃，夜间保持在 12℃～15℃，加强光照时间，调节好温湿度，促进根系早发。

3.1.3 整地施肥定植

结合整地亩施饼肥 200 千克或厩肥 3000 千克，磷肥 30 千克，钾肥 20 千克，包沟 1.3 米作畦，沟深 0.25 米，沟宽 0.50 米，畦宽 0.8 米。覆盖地膜后定植，株距 40 厘米，行距 60 厘米。每亩定植 2200～2400 株。

3.1.4 田间管理

3.1.4.1 肥料管理

幼苗成活后，每亩施尿素 10～15 千克或腐熟清洁的人粪尿 500 千克，以后每 10 天左右追肥 1 次，以供植株生长，在开花盛期和结果初期每亩穴施复合肥 50 千克。

3.1.4.2 水分管理

土壤相对湿度一般保持在 80% 为宜，以滴灌为主，在高温少雨春季多雨注意排水，防止渍水。

3.1.4.3 其他管理

剪去门茄以下的分枝和基部老叶，以利通风透光。气温在 25℃ 以下时，易引起落花，采用 10～20 毫克/千克 2,4-D 点花或 25～30 毫克/千克的番茄灵喷花保花，增加早期产量。

3.1.5 病虫害防治

主要病害有灰霉病、菌核病。可用 40% 嘧霉胺悬浮剂 800～1500 倍液或 50% 异菌脲 800～1600 倍液或 50% 腐霉利 2000 倍液。苗期害虫有小地老虎和蝼蛄，用 50 千克鲜草或菜叶切成 0.3 厘米左右加 90% 敌百虫 0.5 千克兑少量水拌湿，于傍晚撒在植株附近诱杀，每亩施拌药鲜草或菜叶 25 千克。成株结果期常发生烟粉虱其防治见前。

3.2 夏黄瓜栽培技术要点（所述同前）

3.3 冬莴苣栽培技术要点（所述同前）

模式三：竹叶菜—叶用薯—芹菜

1. 模式效益

竹叶菜亩产量 1800 千克，产值 3500 元；叶用薯亩产量 5000 千克，产值 11000 元；芹菜亩产量 1700 千克，产值 5000 元。该模式总产量 8500 千克，总产值 1.95 万元。

2. 茬口安排

竹叶菜 2 月初播种，3 月下旬至 4 月上旬采收，4 月中旬罢园；叶用薯 4 月中旬定植，5 月中、下旬上市，10 月中旬罢园；芹菜于 9 月中下旬播种育苗，10 月下旬定植，12 月中旬至翌年 2 月采收。

3. 关键栽培技术

3.1 竹叶菜栽培技术要点

3.1.1 品种选择

选择耐寒耐旱高产的品种，如圆叶青梗竹叶菜或泰国竹叶菜、亩用种量为 15 千克。

3.1.2 整地施肥

1 月中旬整地，按 2 米开厢，亩施腐熟农家肥 3000 千克，或施用发酵完全的鸡粪 400 千克，并在大棚上覆盖农膜。

3.1.3 适时播种

播种前用 50℃ 的热水浸种消毒 15 分钟，再将种子置于 25℃～30℃ 环境下催芽。待种子露白后撒播，用细土覆盖 1 厘米厚。

3.1.4 田间管理

3.1.4.1 温度管理

出苗前要保持棚内温度在 30℃ 左右，生长期间保持在 20℃～30℃；当棚内温度达 35℃ 时，要打开大棚降温排气；寒潮期间，要密闭大棚保温。

3.1.4.2 肥水管理

竹叶菜生长速度快，肥水消耗量大，整个生长期要保持土壤湿润，追肥用腐熟稀薄粪水多次淋施或 2% 的尿素每隔 5 ～ 7 天浇施一次。

3.1.5 病虫害防治

大棚竹叶菜病虫害较少，如发现白锈病，可喷洒 30% 醚菌脂 1500 倍液。发现虫害可喷甲维盐、敌百虫等低毒农药。

3.1.6 采收

当苗高达 25 厘米时，可根据市场行情、劳动力情况采用间拔或一次性采收。

3.2 叶用薯栽培技术要点（所述同前）

3.3 芹菜栽培技术要点（所述同前）

模式四：蕹菜—蕹菜—大蒜苗

1. 模式效益

两茬蕹菜 3000 千克，亩收入 7500 元；大蒜 2000 千克，亩收入 8500 元。每年每亩纯收入不低于 1.6 万元。

2. 茬口安排

春夏蕹菜于 2 月初至 5 月中旬多次分批播种，3 月中旬至 6 月底多次采收；大蒜 8 月中旬播种，11 月上旬可视市场行情采收。

3. 关键栽培技术

3.1 竹叶菜栽培技术要点（所述同前）

3.2 大蒜苗栽培技术要点

3.2.1 品种选择

推荐品种如湖北吉阳大蒜、枝江白皮大蒜、成都二水早、湖北襄樊红蒜等。每亩种蒜用量 250 千克左右。

3.2.2 整地施肥

清除田间前茬残体，犁耙数次，作深沟高畦，以畦面宽1.5～2.0米，畦沟宽30厘米、畦沟深20厘米为宜。亩施腐熟农家肥3000～5000千克、磷矿粉25千克和硫酸钾7.5千克；或硫铵50千克、过磷酸钙80千克和硫酸钾20千克。

3.2.3 蒜种处理

去除干缩茎盘，同时剥除部分或全部蒜皮或清水浸种1～2天，或用0℃～5℃温度处理20天或用0℃温度处理10～15天后播种。

3.2.4 开沟播种

种瓣分级分区播种，用锄头开浅沟，沟间距15～20厘米，将已经处理的蒜瓣侧放（腹背连线与行向平行），播种密度为行距15厘米、株距5厘米，后一条沟的土覆在前一行种瓣上，播种后镇压浇水。畦面覆5厘米厚的稻麦等秸秆，且秸秆不揭除；亦可覆遮阳网，出苗后揭除或改为平棚覆盖。

3.2.5 田间管理

3.2.5.1 肥水管理

幼苗前期宜适当控水，以松土保墒为主，土壤过干时浇水，越冬前，灌大水一次。幼苗出土3～6厘米或幼苗2～3片叶时，每亩施用20%腐熟粪水1500千克。以后每隔7～10天重施一次，连续2～3次，并可在稀粪水中加入1%的尿素。第一次选收后，应追肥1次。

3.2.6 病虫害防治

主要病害有紫斑病和霜霉病。紫斑病用30%醚菌脂1500倍液或70%甲基硫菌灵700倍液喷雾防治；霜霉病用72.2%霜霉威800倍液或53%精甲霜锰锌600倍液喷雾防治。

3.2.7 采收

当蒜苗长至20厘米以上后，即可视市场行情陆续分批采收，采收时连根拔起，就地清除泥沙，捆扎上市。

模式五：苋菜—苋菜—冬瓜—大蒜苗

1. 模式效益

两茬苋菜亩产量 2200 千克，亩产值 8000 元；冬瓜亩产量 6000 千克，亩产值 3000 多元；大蒜苗每亩产量 1750 千克，亩产值 6300 元。

2. 茬口安排

第一茬苋菜元月上旬播种，3 月下旬采收，随后立即播种第二茬苋菜，5 月上旬采收；冬瓜 2 月底至 3 月初播种（或购买商品苗），4 月上旬套种于苋菜中，6 月上旬采收，7 月上旬罢园；大蒜苗 8 月中下旬播种，11 月底至 12 月采收。

3. 关键栽培技术

3.1. 苋菜关键栽培技术（所述同前）

3.2 冬瓜关键栽培技术

3.2.1 品种选择

广东青皮冬瓜。

3.2.2 播种育苗

提倡使用商品苗或嫁接苗。播种前要温烫浸种和催芽。

3.2.3 整地施肥定植

清明后，当幼苗具有 2 ～ 3 片真叶时套种于苋菜地中，株距 80 厘米左右，亩栽 150 ～ 200 株。苋菜收获后，及时深翻整地作畦，按 4 米开厢，瓜苗置于畦中央，亩施猪厩肥 1500 ～ 2500 千克，过磷酸钙 30 千克，饼肥 50 千克，超过 50 米起腰沟，然后覆盖地膜有条件的可铺设滴灌带（露地栽培加盖小拱棚）。

3.2.4 田间管理

3.2.4.1 肥水管理

定植成活后及时追施 2 ～ 3 次清粪水提苗，倒蔓时每亩施腐熟饼肥 50 千克，花期适当控制肥水，坐果后根据长势分次追施粪水和尿素，以促使果实膨大。

3.2.4.2 中耕与压蔓

浇过定根水后进行中耕，中耕以不松动幼苗根部为原则，中耕时适当在幼苗基部培成半圆形土堆。墒情好时，可进行 2～3 次中耕后再浇水铺地膜。当茎蔓伸长到 50～70 厘米时开始压蔓，每隔 4～5 节压一次，共 3 次，压蔓与整枝同时进行。冬瓜以主蔓结瓜为主，坐果前留 1～2 条侧蔓，坐果后侧蔓任其生长。

3.2.4.3 授粉与护纽

冬瓜雌花开放期间，正值梅雨季节，如遇连续阴雨天，要进行人工授粉，授粉后用纸筒套住，以防雨淋授粉不良。冬瓜不耐日晒，要在瓜上盖稻草。

3.2.5 病虫害防治

主要病害是疫病。疫病防治：可用 53% 的精甲霜锰锌 500 倍液或 72.2% 的霜霉威 800 倍液或 72% 克露 500 倍液喷雾。

3.2.6 采收

冬瓜从开花到成熟约需 55 天，成熟标志是果皮上茸毛消失，粉皮种蜡质白粉增厚，即可采收上市。

3.3 大蒜苗关键栽培技术（所述同前）

（四）新洲区主栽模式

模式一：茄子（辣椒）—苦瓜（丝瓜）—小香葱

1. 模式效益

茄子亩产量 4000 千克，产值 5500 元；辣椒亩产量 2500 千克，产值 4000～5000 元；苦瓜（丝瓜）亩产量 4000～5000 千克，产值 5000～6000 元；小香葱亩产量 2000～2500 千克，产值 6000～7000 元。该模式总产量 1.4 万千克，产值 2.3 万元。

2. 茬口安排

茄子、辣椒 10 月上中旬播种，2 月中下旬定植，4 月下旬始收，6 月罢园；丝瓜（苦瓜）3 月中下旬套种于大棚两边，5 月中旬上市，9 月罢园；小香葱 8 月下旬至 9 月上旬移栽，10 月至次年 1 月收获。

3. 关键栽培技术

3.1 茄子栽培技术要点（所述同前）

3.2 辣椒栽培技术要点（所述同前）

3.3 苦瓜栽培技术要点（所述同前）

3.4 丝瓜栽培技术要点

3.4.1 品种选择

湖南春润早佳、早杂 1 号、翡翠 2 号等。

3.4.2 播种育苗

随着工厂化育苗普及，提倡使用商品苗或嫁接苗。

3.4.3 适时定植

3 月中下旬将丝瓜套种于茄子（辣椒）中，定植行靠畦两边，离棚边近 50 厘米处，株距 45 ～ 50 厘米，每亩定植 500 ～ 600 株。

3.4.4 田间管理

3.4.4.1 肥水管理

定植成活后追施提苗肥，采收期间每周追一次肥，每次每亩追施硫酸钾型三元复合肥（N : P : K = 15 : 15 : 15）10 ～ 15 千克、尿素 5 千克和饼肥 10 千克。结合施肥进行灌溉，整个生长期保持土壤湿润。灌水时应即灌即排，不漫灌，尤其是在雨天，更应注意排水，以防畦面积水。

3.4.4.2 搭架引蔓

中棚可将爬藤网直接覆盖棚顶。（爬藤网规格为 12 ～ 45 丝，眼距 40 厘米 ×40 厘米的渔网）；钢架大棚宜在棚内 2 米高处，间距 1 米，横向牵设钢丝绳后，覆盖爬藤网。当主蔓 40 ～ 70 厘米时引蔓上架。整个生长期及时剪除侧蔓、枯老病叶、或生长过密的叶片及过多的卷须及畸形瓜，保持主蔓结瓜，及时整理商品瓜使之垂悬状。

3.4.5 病虫害防治

主要病虫害有疫病、霜霉病、白粉病，虫害主要有瓜绢螟、蚜虫、黄守瓜等。疫病用 72% 克露 800 倍液或 53% 精甲霜灵锰锌 800 倍液；霜霉病用 72% 克露 750 倍液防治；白粉病用 30% 醚菌脂 1500 倍液防治。瓜绢螟掌握在幼虫 1 ～ 3 龄时，喷洒 2% 阿维菌素乳油 2000 倍液或苏云金杆菌剂防治；蚜虫用 10% 吡虫啉 1500 倍液防治，相邻田块同时喷药；黄守瓜防治可用 25% 溴氰菊酯 1500 倍液喷雾。

3.5 小香葱栽培技术要点

3.5.1 品种选择

上海四季小香葱、孝感小香葱。

3.5.2 整地施肥

前茬作物收获后，立即深翻耕，暴晒 3 ～ 5 天，耕平耙细作畦，1.6 米开厢。亩施腐熟厩肥或粪肥 2500 ～ 3000 千克，磷肥 30 ～ 50 千克，碳铵 10 ～ 15 千克。

3.5.3 育苗定植

母株繁殖一般在 4 月上中旬定植，繁种田与栽培田比例为 1 ：4 ～ 5。大田分株栽培在 8 月下旬至 9 月上旬进行，行距 18 ～ 20 厘米、株距 10 厘米左右、亩定植 3.5 万～ 3.6 万穴，每穴栽 3 ～ 5 株。

3.5.4 田间管理

3.5.4.1 肥料管理

秧苗成活后，及时施提苗肥，每亩浇施稀薄粪水 200 ～ 300 千克，或尿素 5 ～ 8 千克。葱株分蘖期，每隔 15 天追肥一次，共追肥 2 ～ 3 次，每次每亩施进口复合肥 15 ～ 20 千克，钾肥 8 ～ 10 千克或尿素 5 ～ 10 千克，收获前 15 ～ 20 天增施氮肥，每亩施尿素 10 ～ 15 千克，叶面喷施磷酸二氢钾 1 ～ 2 次。

3.5.4.2 水份管理

定植时不论晴天或雨天均要浇足定根水，使土壤与葱根紧密结合促进缓苗。高温少雨时及时灌水，防止干旱植株缺水，多雨时及时排水，防止田间渍涝造成烂根。

3.5.5 病虫害防治

香葱主要病害有霜霉病、疫病、紫斑病、灰霉病等。虫害主要有甜菜夜蛾、葱斑潜蝇、地蛆、蛴螬等。霜霉病、疫病用 53% 精甲霜锰锌水分散粒剂或 72% 克露可湿性粉剂 500 倍液喷雾。紫斑病用 10% 苯醚甲环唑水分散粒剂 1500 倍液喷雾或 70% 甲基硫菌灵可湿性粉剂 1000 倍液或 30% 醚菌酯可湿性粉剂 1500 倍液喷雾，5 ～ 7 天一次，连续 2 ～ 3 次。灰霉病用 50% 嘧霉胺悬乳剂、50% 异菌脲 800 ～ 1600 倍液喷雾，7 ～ 10 天一次，连续 2 ～ 3 次。甜菜夜蛾用 15% 茚虫威 3750 倍液或 10% 溴虫晴乳油 1500 倍液喷雾，5 ～ 7 天一次。葱斑潜蝇用 20% 吡虫啉可溶剂 5000 倍液或 1.8% 阿维菌素 2000 倍液喷雾，7 ～ 10 天一次。地蛆、蛴螬用 50% 辛硫磷 1000 倍液或 90% 敌百虫晶体 1000 倍液灌根。

3.5.6 采收

分葱栽后 40 天后植株茂盛，达到采收标准即采收，采收前 1 天在田间适量浇水，商品葱去枯、黄、病叶，整理后分包装集中上市。

模式二：番茄—豇豆—大白菜秧—红菜薹

1. 模式效益

番茄亩产量 4500 千克左右，产值 8000 ～ 10000 元；豇豆亩产量 1500 千克，产值 3000 元左右；大白菜秧 2000 千克，产值 3000

元；红菜薹亩产量 1500 千克，产值 3000 元左右。总产量 9500 千克，总产值 1.9 万元。

2. 茬口安排

番茄 11 月中旬播种，2 月上旬定植，4 月下旬始收，6 月中旬罢园；豇豆 5 月中旬套种于番茄地，6 月中旬始收，7 月中旬罢园；大白菜秧 7 下旬播种，8 月下旬收获；红菜薹 8 月中旬播种育苗，9 月中旬定植，次年 2 月上旬罢园。

3. 关键栽培技术

3.1 番茄栽培技术要点

3.1.1 品种选择

宜用早熟、优质、抗病品种如上海合作 903、西优 5 号、亚洲红冠、斯诺克等。

3.1.2 播种育苗

温汤浸种，催芽播种，等幼苗长至 2 片真叶时，移入直径为 8～10 厘米的营养钵内。幼苗成活后温度控制在 15℃～20℃，定植前 10 天开始炼苗，苗龄 70～80 天，7～8 片叶，现蕾带土定植。

3.1.3 整地施肥定植

结合整地亩施腐熟有机肥 3000 千克，菜饼 100 千克，过磷酸钙 25 千克，硫酸钾 15 千克。于 1 月上旬前后，抓住墒情适时扣棚，并按 1.33 米开厢作成深沟高畦，铺地膜和滴管待栽。2 月上旬至 3 月初抢冷尾暖头定植，宽行 87 厘米，窄行 46 厘米，株距 22 厘米，亩栽 4000 株左右。

3.1.4 田间管理

3.1.4.1 温度管理

定植后闭棚一周，使幼苗迅速缓苗成活，其后视天气情况适时通风、换气、见光、白天温度控制在 25℃左右，夜温控制在 10℃～15℃。若遇寒潮低温天气，采用多层覆盖御寒，4 月份气温回暖，可适当掀起大、中棚四周的裙膜通风，5月上中旬若无异常气候，可将两边的裙膜揭去，留顶膜。

3.1.4.2 肥水管理

定植后浇稀粪水，成活后早施提苗肥，亩施人粪尿 500 千克，插架前施人粪尿 1500 千克；第一台果开始膨大时，亩施尿素 15 千克或人粪尿 1000 ～ 1500 千克；隔 10 天追一次果肥，并用磷酸二氢进行根外追肥。春季注意清沟排渍，后期遇干旱适时灌跑马水，切忌大水漫灌。

3.1.4.3 保花保果

第一台花序开放 50% 时，用 40 毫克/千克番茄灵点花或喷花，后随温度升高而将使用浓度逐步降至 35 毫克/千克、30 毫克/千克、25 毫克/千克。

3.1.4.4 整枝打杈

一杆半或单杆整枝，第一次打杈时间待侧枝长至 7 厘米左右时进行，以后见杈就打，每台花序保果 3 ～ 4 个果，多余的花果尽量摘除。

3.1.5 病虫害防治

主要病虫害有早疫病、晚疫病、灰霉病、烟粉虱。早疫病可用 30% 醚菌酯 1500 倍液喷雾防治；晚疫病可选用 72.2% 霜霉威 800 倍液喷雾防治；灰霉病可选用 50% 异菌脲 800 ～ 1600 倍液或 40% 嘧霉胺悬浮剂 800 ～ 1600 倍液喷雾防治。烟粉虱可用 4% 阿维啶虫脒 2500 倍液或 2.5% 联苯菊酯 800 倍液喷雾防治。

3.1.6 采收

早摘第一台果，当第一台果转红时及时采收，以后适当增加采收次数，减少养分消耗，以利上部果实膨大，增加群体产量。

3.2 豇豆、大白菜秧及红菜薹的栽培技术要点（所述同前）

模式三：苋菜—豇豆—豇豆—箭杆白

1. 模式效益

苋菜亩产量 3000 千克，亩产值 7000 元；春豇豆亩产量 2000 千克，亩产值 4000 元；夏豇豆亩产量 2000 千克，亩产值 3500 元；秋箭杆白亩产量 4000 千克，亩产值 2000 元。合计每亩总产量 11000 千克、总产值 1.65 万元。

2. 茬口安排

苋菜 12 月下旬至 1 月上中旬播种，4 月下旬采收完毕；春豇豆 3 月上旬套种于苋菜中，6 月上旬采收完毕；夏豇豆 6 月中旬播种，8 月下旬采收完毕；秋箭杆白 9 月上旬直播，11 月上旬采收完毕。

3. 关键栽培技术

3.1 苋菜栽培技术要点（所述同前）

3.2 豇豆栽培技术要点（所述同前）

3.3 箭杆白栽培技术要点

3.3.1 品种选择

选择本地高脚白，每亩用种量 1.5 千克。

3.3.2 整地施肥

8 月下旬夏豇豆收获完后，即深耕坑地，结合整地每亩施腐熟人粪肥 2000 千克加进口复合肥 50 千克，按 2 ～ 3 米开厢待播。

3.3.3 播种

9 月上旬播种时将种子拌 1 倍量细沙均匀撒播于种植田块。

3.3.4 田间管理

播后 20 天左右结合除草间苗 2 ～ 3 次，然后定苗，箭杆白株行距均为 35 厘米，每亩保持 4000 株左右。当出现土壤干旱时，应及时灌水，遇连阴雨天气造成畦面渍水时应及时排明水滤暗水，减少病害的发生。定苗后，可在田间喷施 0.2% 磷酸二氢钾 2 ～ 3 次，隔 7 ～ 10 天喷 1 次。

3.3.5 病虫害防治

主要病害有霜霉病、病毒病。霜霉病可用10%氰霜唑2000倍液喷雾预防，发病初期可用72%霜霉威800倍液或72%克露500倍液或53%甲霜灵·锰锌800倍液喷雾防治，7～10天喷1次，连续使用2～3次。病毒病可选用1.5%植病灵Ⅱ号800倍液或盐酸吗啉胍300倍液加上叶面肥混合喷雾防治。主要虫害有小菜蛾。可选用2.5%多杀霉素1500～2000倍液或5%定虫隆2000倍液或1%甲维盐2000～2500倍液或15%茚虫威3750倍液或1.8%阿维菌素2000倍液喷雾防治。

3.3.6 及时采收

箭杆白以成品菜加工腌制后供食。当茎基叶开始发黄，单株重达100克即可采收。

模式四：苋菜—冬瓜—夏秋莴苣—冬莴苣

1. 模式效益

苋菜亩产量3000千克，产值4000元；地冬瓜亩产量6000千克，产值3000多元；夏秋莴苣亩产量2000千克，产值3500元；冬莴苣亩产量3000千克，产值4500元。总产值近1.5万元。

2. 茬口安排

苋菜12月下旬至1月上中旬播种，4月下旬罢园，地冬瓜3月上、中旬播种，4月中下旬定植，6月下旬采收；夏秋莴苣7月中、下旬播种，8月上中旬定植，9月中下旬收获；冬莴苣9月中下旬播种，10月中下旬定植，元旦前后收获。

3. 关键栽培技术

3.1 苋菜栽培技术要点（所述同前）

3.2 冬瓜栽培技术要点（所述同前）

3.3 夏秋莴苣栽培技术要点

3.3.1 品种选择

选择耐热、抗病、耐抽薹的优质品种如金箭、八斤棒、夏翡翠、世纪嫩香王等，亩用种量 20～25 克。

3.3.2 播种育苗

播前低温浸种催芽，苗床作成 1.2 米宽的高畦，播种前先浇透水，于傍晚撒播催芽的种子，然后浅盖一层过筛细肥土，以盖住种子为宜，平铺遮阳网，补足底水。畦面上方搭 70～80 厘米高的小拱棚，盖上遮阳网和农膜（遮阳、防暴雨），出苗后撤去畦面遮阳网，并撒细干土稳苗。棚架上的遮阳网，每天上午 8 时后盖，下午 5 时后揭去，阴天不盖，下雨时及时盖上棚架上的遮阳网和农膜，2～3 片真叶时，逐渐缩短遮阴时间。

3.3.3 整地施肥定植

1.3 米包沟开厢作畦，每亩施腐熟厩肥 4000 千克加饼肥 100 千克或腐熟有机肥 1500～2000 千克加三元复合肥（N：P：K 为 15：15：15）75～100 千克。腐熟厩肥提前 7～10 天施入土壤中，然后三耕三耙。当幼苗 5～6 片真叶，苗龄 20～25 天时，选择傍晚或阴天带土移栽，株距 25～30 厘米，行距 30 厘米，每亩定植 6000 株左右，定植时大小苗分级，栽后浇足活棵水，覆盖遮阳网，促进缓苗。

3.3.4 田间管理

3.3.4.1 肥水管理

定植成活后每亩宜追腐熟人粪尿 500 千克，植株封行前（莲坐期）进行第 2 次追肥，每亩行间穴施三元复合肥 25 千克，结合防治病虫害喷 2 次叶面微肥。若遇干旱，及时灌跑马水保墒，切忌大水漫灌，多雨时及时排水，防止田间渍涝。

3.3.5 病虫害防治（所述同前）

3.4 冬莴苣栽培技术要点（所述同前）

模式五：苋菜—苋菜—苋菜—苋菜—苋菜

1. 模式效益

全年五茬苋菜亩总产量 1.2 万千克，总产值 1.8 万余元。

2. 茬口安排

第一茬苋菜 1 月上旬播种，3 至 4 月上旬收获；第二茬苋菜 4 月上旬播种，5 至 6 月收获；第三茬苋菜 7 月上旬播种，7 月底至 8 月初收获；第四茬苋菜 8 月上旬播种，9 月上旬收获；第五茬苋菜 9 月下旬播种，10 月中下旬收获。

3. 关键栽培技术

第一茬苋菜播种量为每亩 3 ～ 4 千克，第二茬苋菜播种量为每亩 1.5 千克，此后每茬苋菜的播种量为每亩 0.75 ～ 1.0 千克（其他栽培技术所述同前）。

（五）江夏区主栽模式

模式一：苋菜—苦瓜—叶用薯

1. 模式效益

早春苋菜每亩产量 3000 千克，亩产值 5000 元；苦瓜亩产量 4000 ～ 5000 千克，亩产值 7000 元；叶用薯亩产量 4000 ～ 5000 千克，亩产值 10000 元。该模式每亩总产量 1.05 万～ 1.2 万千克，总产值 2.2 万元。

2. 茬口安排

早春苋菜 12 月下旬至次年 1 月上中旬播种，4 月下旬采收完毕；苦瓜 2 月上中旬播种育苗苦瓜（或购买商品苗），3 月中下旬在大棚两边定植，5 月中旬至 10 月下旬收获；叶用薯 3 月中下旬在棚内扦插，4 月中下旬至 10 月下旬收获。

3. 关键栽培技术

3.1 苋菜栽培技术要点（所述同前）

3.2 苦瓜栽培技术要点（所述同前）

3.3 叶用薯栽培技术要点（所述同前）

模式二：番茄—黄瓜—秋莴苣

1. 模式效益

番茄亩产量 4500 千克左右，产值 6000 左右元；黄瓜亩产量 4000 千克，产值 6000 元左右；秋莴苣亩产量 2500 千克，产值 4000 元左右。亩总产值 1.6 万元。

2. 茬口安排

番茄 11 月中旬播种，次年 2 月上旬定植，4 月底始收，6 月底罢园；豇豆 6 月底播种育苗，7 月上旬定植，9 月底罢园；秋莴苣 9 月中旬播种育苗，10 月中旬定植，元旦前后收获。

3. 关键栽培技术

各品种的栽培技术要点（所述同前）

模式三：豇豆—苦瓜—红菜薹

1. 模式效益

豇豆亩产量 2500 千克左右，产值 4000 左右；苦瓜亩产量 5500 千克，产值 6000～8000 元；红菜薹亩产量 1500 千克，产值 3000 元左右。亩总产值 1.3 万～1.5 万元。

2. 茬口安排

豇豆 2 月中下旬播种（也可育苗移栽），4 月底始收，5 月底罢园；苦瓜 3 月中下旬套种于大棚两边，5 月中下旬始收，8 月底至 9 月初罢园；红菜薹 8 月中旬播种育苗，9 月中旬定植，次年 2 月上旬罢园。

3. 关键栽培技术

各品种栽培技术要点（所述同前）

模式四：苋菜—黄瓜—秋莴苣（红菜薹）

1. 模式效益

该模式效益全年亩产值近 1.75 万元，其中苋菜 5000 元，黄瓜

8000 元，秋莴苣 4500 元。

2. 茬口安排

苋菜 3 月中旬播种，4 月至 5 月收获，6 月上旬罢园；黄瓜 6 月上旬播种育苗，6 月中下旬定植，7 月中下旬始收，8 月底罢园；秋莴苣 9 月中下旬播种育苗，10 月中下旬定植，春节前收获，红菜薹 8 月中下旬播种育苗，9 月中下旬定植，11 月至次年 2 月收获。

3. 关键栽培技术

苋菜、黄瓜、秋莴苣栽培技术要点（所述同前）

模式五：苋菜—竹叶菜—大白菜秧—广东菜心—秋芹菜

1. 模式效益

苋菜每亩产量 3000 千克，亩产值 4000 元；蕹菜每亩产量 2000 千克，亩产值 3000 元；大白秧亩产量 2000 千克，亩产值 3000 元；广东菜心每亩产量 500 千克，亩产值 2000 元；秋芹菜每亩产量 3000 千克，亩产值 6000 元。合计总产量 10500 千克，总产值 18000 元。

2. 茬口安排

苋菜 12 月下旬至 1 月上中旬直播，3 月中下旬上市，蕹菜 3 月下旬播种，4 月下旬上市，大白菜秧 5 月上旬播种，6 月上旬上市，广东菜心 6 月中旬播种，7 月下旬上市，秋芹菜 8 月上旬播种，9 月下旬至 12 月下旬上市。

3. 关键技术

3.1 菜心的栽培技术要点

3.1.1 品种选择

四九菜心、50 天菜心王等，每亩用种量为 300 ～ 400 克。

3.1.2 整地施肥

结合整地，每亩用腐熟的有机肥 1000 ～ 1500 千克。按 1.4 米开厢，作深沟高畦，沟宽 30 厘米，畦高 30 厘米，整平畦面撒播。

3.1.3 田间管理

3.1.3.1 肥料管理

追肥应掌握早施勤施薄施的原则，前期轻、中后期重，前期追肥以速效氮肥为主，中后期适当增施磷钾肥。

3.1.3.2 水分管理

种子播后至幼苗期，必须经常保持湿润，高温季节应在早晨及傍晚各浇水 1 次，发棵期至收获前保持湿润，晴天时一般早晚浇水一次，相对湿度大时减少浇水次数，避免畦面积水，浇水时力求均匀，多雨天气要做好清沟排渍工作，做到雨住沟干。

3.1.3.3 间苗

第一次间苗在 1～2 片真叶后，把过密的或高脚、弱苗除去，第二次在 3～4 片叶时结合补苗同时进行，间苗两次后定苗，保留株行距为 10～15 厘米。

3.1.4 采收

采收时，以菜薹"齐口花"（即顶叶与花蕾齐高）为采收标准。用小刀从茎基部切断，约 25 根菜心扎成一把，捆成窄扇状，或采收后逐株排列整齐。

3.1.5 病虫害防治参照大白菜秧病虫害防治

3.2. 苋菜、竹叶菜、大白菜秧、秋芹菜栽培技术要点（所述同前）

（六）汉南区主栽模式

模式一：架冬瓜—大蒜苗

1. 模式效益

冬瓜亩产量 10000 千克，亩产值 3000 元；大蒜苗亩产量 3000 千克，亩产值 4500 元。合计总产量 13000 千克，总产值 7500 元。

2. 茬口安排

冬瓜元月中旬育苗（或集约化育苗），2 月中下旬定植，5 月下旬始收，7 月底罢园；大蒜苗 8 月中下旬播种，11 月中下旬分比采收至次年 2 月上旬。

3. 关键栽培技术

3.1 冬瓜栽培技术要点

3.1.1 品种选择

广东黑皮冬瓜。

3.1.2 播种育苗

1 月中旬培养箱催芽，电热穴盘育苗或购买商品苗。

3.1.3 整地施肥定植

亩施有机肥（鸡粪）1000 千克，复合肥 60 千克，深沟高畦栽培，2 米开厢，沟宽 40～50 厘米，地块太长时，须开腰沟。畦面上安装滴灌带，铺上地膜，2 月中下旬幼苗 3～4 片真叶时定植于畦中央，单行定植，株距 50 厘米，每亩栽植 650 株左右。

3.1.4 田间管理

3.1.4.1 设立支架

采用"一条龙"的立架方式，即一株一桩，在 1.3 米左右高度处用横竹或铁丝连接固定，使之呈水平状。

3.1.4.2 整枝留瓜

实行单蔓整枝，一蔓 2 瓜或 3 瓜，坐果前侧蔓全部摘除，坐果后于主蔓 50 节左右摘心。

3.1.4.3 人工授粉

为提高坐果率，一般进行人工授粉，授粉方法参照瓠子授粉方法。

3.1.4.4 重施坐果肥

坐果后追肥量占肥料总量的 70% 左右。

3.2 大蒜苗栽培技术要点（所述同前）

模式二：春辣椒—生菜—生菜

1. 模式效益

辣椒亩产量4500千克，产值6300元；两茬生菜总产量4500千克，产值1.08万元；亩总产值1.71万元。

2. 茬口安排

春辣椒11月中旬育苗，2月中旬定植，4月中旬始收，7月下旬罢园；第一茬生菜7月中旬育苗，8月上旬定植，9月中旬收获，10月下旬罢园；第二茬生菜9月下旬育苗，10月下旬定植，12月上旬收获。

3. 关键栽培技术

各品种栽培技术要点（所述同前）

模式三：春茄子—秋莴苣—小白菜

1. 模式效益

茄子亩产量3500千克，产值5600元；莴苣亩产量2400千克，产值3500元；小白菜亩产量2000千克，产值4800元。

2. 茬口安排

春茄子11月中旬育苗，2月中旬定植，4月中旬始收，7月下旬罢园；秋莴苣7月中旬育苗，8月上旬定植，9月中旬采收；小白菜10月上旬播种，11月中下旬采收。

模式四：苦瓜—叶用薯—大蒜苗

1. 模式效益

苦瓜亩产量5000千克，亩产值6500元；叶用薯亩产量5000千克，亩产值8000～10000元；大蒜苗亩产量3000～3500千克，亩产值4500～5000元。

2. 茬口安排

苦瓜3月中旬定植于大棚内侧两旁，5至9月上旬收获；叶用薯3月中下旬扦插棚内，4月中旬至9月上旬陆续采收；大蒜苗9月中下旬播种，11月至次年2月收获。

3. 关键栽培技术

苦瓜、叶用薯、大蒜苗栽培技术要点（所述同前）

（七）松花菜栽培技术及模式

松花菜又称散花菜，是花椰菜中的一个类型，因其蕾枝较长，花层较薄，充分膨大时形态不紧实，相对于普通花菜呈松散状，故此得名。与一般紧实型花菜品种相比，松花菜具有两个显著特点：一是耐煮性好，食味鲜美，松花菜的维生素C、可溶性糖含量明显比紧花球花椰菜高，很受消费者欢迎。二是早中熟品种耐热性强，适应性更广，城市近郊可"春延后"和"秋提前"栽培，高山栽培可在夏秋投产入市，拓宽了花椰菜生产上市时间。

1. 选择良种　适时播种

在良种选择上以选择耐湿、抗逆、抗病、高产、熟期中等的品种为主。一般选用庆农65、庆农85品种为主栽品种较为理想。春季栽培在2月下旬至3月上旬播种，大棚或小拱棚保温育苗。可在3月下旬至4月初定植。5月下旬至6月上旬均可采收上市。秋栽6月中旬至8月播种，遮阴育苗，7月上旬至9月定植，可在8月下旬至12月上旬采收上市。

2. 精心育苗　培育壮苗

培育健壮苗是夺取高产、稳产的基础。为了把菜苗培育成健壮苗，应采用大棚或小拱棚营养钵育苗或穴盘育苗。首先要选择好避风向阳的田块作苗床，其次要配好营养土，一般营养土可用无污染的肥沃土70%，加草木灰10%，加腐熟有机肥20%，并在100千克营养土中加尿素1千克，做成营养钵，浇透水播种，一般采用一钵1～2粒播种，播后盖上细土，放入大棚或小拱棚内保温育苗。并做好苗期的间苗及病虫害的防治等管理工作，确保全苗，育成健壮苗。

3. 施足底肥　整地作畦

松花菜要选择土壤疏松肥沃，排灌方便的田块栽培。在翻耕前每亩施硼砂 1 千克，生石灰 60 千克，钼酸铵 50 克，作底肥。翻耕后每亩施腐熟有机肥 1000 千克，钙镁磷肥 30 千克，复合肥 30 千克，钾肥 20 千克作基肥。作成畦宽 1.0～1.3 米，沟深 0.3 米的深沟高畦，待定植。

4. 及时定植　合理密植

苗龄达 30～35 天时，就可进行定植。一般每畦栽二行，行距 50～70 厘米，株距 45～65 厘米为宜。早熟品种每亩栽2000～2200 株；中晚熟品种每亩栽 1500～1700 株。土壤肥力好的密度可适当稀些，反之则可密些。

5. 肥料管理　平衡施用

苗期以氮肥为主，做到薄肥勤施，促发莲坐叶。现蕾前后重施蕾肥，一般用肥料兑水浇施，可延长膨蕾期，促进发育膨大。在高温干旱情况下，常见土壤水分不足而使植株吸收养分受阻，因此，施肥必须与供水有机结合，兑水浇施能够提高肥料利用率，增强性。在生长过程中，还要增施硼、钼、镁、硫等中微量肥料。其中硼素对花球产量和质量影响十分显著，必须叶面追施 2～3 次，尤其在花球膨大期必不可少。在中后期追肥过程中，禁止使用含碳铵的肥料，以免花球产生毛花。以腐熟粪尿水为主，配合施用速效化肥，进行平衡施肥，根据植株长势和目标产量确定施肥量和施肥次数。一般在定植活棵后、莲坐叶形成初期、莲坐叶形成后期、现蕾时各追肥 1 次，共 3～4 次，同时，配合施用镁、硼、钼等中微量元素肥料。产品收获前 20 天内，不得施用任何化肥。

6. 适时培土　及时雍根

松花菜根系由主茎发生，具有层次性，在生长过程中，深层根系不断老化，近地面茎不断发生新根，总体分布较浅，主要分布在主茎附近。在冷凉季节根系分布较深，暖热季节分布很浅。另一方面，在农事操作时，多数基肥和追肥施得比较浅，也促进了根系向地表生长。因此，花菜生产一般都需要培土，通过培土，促发不定根，稳定根系生长的土壤环境，增强植株长势和抗倒伏能力。生长过程一般应结合锄草、松土、施肥，培土 1 ～ 3 次，不进行培土的花菜，应该深栽，培土的方法是将畦沟泥土和预先堆在畦中间的泥土培于定植穴和株间，最终形成龟背型匀整的畦面。

7. 水分管理　供应均衡

松花菜叶片多而薄，生长中后期可达 17 ～ 23 张，比普通花菜品种多 6 ～ 8 张，蒸藤量大，在田间失水萎蔫现象经常发生，特别在连续阴雨后突然放晴，暴雨后放晴，或在高温干旱强光条件下，萎蔫现象尤其明显。因此，松花菜种植的菜地土壤既不能过湿而导致沤根，又不能太干而导致缺水。一般生产上采用清沟排水、适时浇水、培土壅根、割草覆盖、地膜覆盖等方法措施，及时调整土壤水分状况，力求供水均衡，保持土壤湿润、疏松。干旱时灌跑马水和浇水，禁止大水漫灌；雨后及时排水，禁止田间积水。夏季定植活棵前，遇旱应每天傍晚浇水 1 次，高温强光时最好遮阴。

8. 束叶护花　及时进行

无论在春季或盛夏，花球经阳光照射都会发黄，在夏秋强光条件下变色更深，这种变化不仅影响商品外观，也影响花球的鲜嫩品质，故花球护理是松花菜生产过程中重要的一环。与一般花菜的花球护理不同，松花菜多采用束叶护花而不采用折叶盖花方法，在以稀植培育为主的生产过程中尤其如此，因其花球蓬松硕大，内叶叠抱性差，并具花球发育和叶片抽生同时进行的特性，折叶盖花常被花球膨大和内叶生长挪移，遮阳效果不好。束叶护花的具体做法是：在花球长至拳头大小时，将靠近花球的 4 ～ 5 张互生大叶就势拉拢互叠而不折断，再用 1 ～ 2 根、2 ～ 3 毫米粗、7 ～ 10 厘米长的小竹签、小草秆或小柴秆等作为固定连接物，穿刺互叠叶梢串编固定在主脉处，被串编固定的叶片呈灯笼状束起，罩住整个花球，使花球在后续生长过程中免遭阳光直射，并留有足够的发育膨大空间。遮阳护花越严越好，严密的束叶护花，能完全避免阳光照射到花球，即使在盛夏环境中，仍可使整个花球都保持洁白鲜嫩。与通常的折叶盖花方法相比，束叶护花一次性完成，免除了多次折叶盖花的麻烦，省工省时，效果更好。

9. 病虫防治　绿色防控

病害主要有根腐病、防治根腐病，采用 70% 甲基硫菌灵 100 倍液、99% 恶霉灵可湿性粉剂 3000 倍液灌根，7 天一次，连续 2 次。虫害主要有小菜蛾、潜叶蝇、青虫、菜青虫、甜菜夜蛾、黄曲条跳甲等。

设置黄板诱杀蚜虫：用 30 厘米 ×20 厘米的黄板，按照 30 块/亩的密度，挂在株间，高出植株顶部，诱杀蚜虫。

利用杀虫灯和性诱剂诱杀害虫。在田间安装杀虫灯和性诱剂以诱杀害虫。

各种虫害防治也应以防为主，及早进行防治。

模式一：松花菜—松花菜—松花菜

1. 模式效益

该模式预计亩总产量 3750 ～ 4500 千克，总产值 1.5 万 ～ 2.25 万元（平均单价 4.0 ～ 5.0 元/千克）。第一茬亩产量 1000 ～ 1250 千克，第二茬亩产量 1250 ～ 1500 千克，第三茬亩产量 1500 ～ 1750 千克。

2. 茬口安排

第一茬 2 月中旬育苗，3 月中下旬定植，5 月中旬至 6 月初采收；第二茬 6 月中下旬育苗，7 月中下旬定植，9 月底至 10 月初收获；第三茬 9 月下旬育苗，10 月底定植，1 月底至翌年 2 月收获。

模式二：松花菜—松花菜—娃娃菜

1. 模式效益

该模式亩总产量 4750 ～ 5750 千克，总产值 1.45 万～ 1.75 万元。第一茬松花菜亩产量 1000 ～ 1250 千克，亩产值 4000 ～ 5000 元；第二茬松花菜亩产量 1250 ～ 1500 千克，亩产值 5500 ～ 6500 元；娃娃菜亩产量 2500 ～ 3000 千克，亩产值 5000 ～ 6000 元。

2. 茬口安排

第一茬松花菜 2 月中旬育苗，3 月中下旬定植，5 月底至 6 月采收；第二茬松花菜 6 月中下旬育苗，7 月中下旬定植，9 月底至 10 月采收；娃娃菜 11 月上旬点播（或直播），1 月底至翌年 2 月收获。

3. 关键栽培技术

3.1 松花菜关键栽培技术

选择深受消费者喜欢的背面花梗青绿的品种如高山宝 65 天、85 天；台松 65 天和 80 天等品种。深沟高畦栽培，1.5 米开厢，55 ～ 65 天品种株距 40 ～ 45 厘米，行距 50 厘米，亩栽 2200 ～ 2400 株；80 ～ 85 天品种株行距均为 50 厘米，亩栽 1800 ～ 2000 株。松花菜对低温较敏感，定植期春栽迟于普通花菜，秋栽宜早于普通花菜。

3.2 娃娃菜关键栽培技术

3.2.1 品种选择

娃娃菜心叶颜色大致分为白心和黄心两个类别，可根据市场的需求选定对路品种颜色。一般带颜色品种的娃娃菜干物质含量都比较高。要选择耐寒性较好的抗抽薹品种，目前市场供应的抗抽薹品种较多，如黄母娘娘娃娃菜、珍珠娃娃菜、京春娃娃菜等。

3.2.2 整地作畦

结合整地亩施腐熟优质农家肥 4000 ～ 5000 千克，生物菌肥 100 ～ 150 千克，过磷酸钙 45 千克或磷酸二铵 15 ～ 20 千克。按 1 米包沟开厢，1.2 米宽地膜覆盖栽培。

3.2.3 播种方法

直播、点播或育苗移栽均可。直播省工适宜大面积种植，但用种量大。育苗移栽的优势在于，第一，早春种植可提早播种 20 天左右，即先在保护地育苗，待大地回暖后栽于露地，可抢早上市；第二，先期育苗可达到加茬赶茬的目的，但比较费工。直播亩用种量 80 ～ 100 克，移栽 50 克。每畦种 4 行，株行距 25 厘米 ×25 厘米，亩栽株数 8000 ～ 10000 株。

3.2.4 田间管理

3.2.4.1 间苗定苗

娃娃菜长到 6 ～ 8 片真叶时进行定苗，每穴留 1 株，亩保苗 0.8 万～ 1.0 万株。

3.2.4.2 追肥

娃娃菜生长期间追肥 3 ～ 4 次，根外追肥 2 ～ 3 次，苗期可追一次"提苗肥"。每亩施尿素 5 ～ 8 千克，若土壤底肥足，底墒好，"提苗"肥可不追。植株呈"团棵"状态时，追"发棵肥"，每亩追施尿素 10 ～ 15 千克；当心叶抱合时及时追施"结球肥"，每亩追施尿素 10 ～ 15 千克；结球中期可追最后一次肥，每亩追施尿素 8 ～ 10 千克。在莲坐期和结球期可结合病虫防治根外喷施磷酸二氢钾等 2 ～ 3 次。

3.2.4.3 浇水

追肥后应及时浇水。但在莲坐期要注意肥水不宜过多，否则植株易徒长、结球期延迟，应采取蹲苗措施。结球后应保持土壤湿润，表土不干，收获前 7 ～ 10 天停止浇水。

3.2.5 病虫害防治

一般冬季娃娃菜病虫害比较少，但也要预防为主，综合防治，严禁使用高毒、高残留农药，采用高效、低毒、低残留农药和生物源农药。

3.2.6 采收

待叶球充分抱紧后，株高达 30 ～ 35 厘米即可采收。采收时，一般将整棵菜连同外叶运回冷库预冷，包装前再按娃娃菜商品标准大小剥去外叶，每包装 3 个小叶球。

第七章　设施技术

一、遮阳网覆盖技术

遮阳网又叫冷凉纱是用聚烯烃树脂为主要原料，通过拉丝后编织成的一种轻质、高强度、耐老化网状的新型农用覆盖物，是继地膜覆盖技术之后的又一项能迅速普及推广的农用塑料覆盖新技术。

（一）效果与特点

遮光、降温、保温、保潮、防暴雨冲刷，减少病虫害的发生，提高育苗成苗率。黑色遮阳网遮光率为 60% 左右，银灰色遮光率为 40% 左右，一般降温 4℃～6℃，遮阳网覆盖比露地减少蒸发量 60% 左右。冬季覆盖遮阳网，地面平均增温 0.5℃～2℃，遇到霜冻，白霜凝结在遮阳网上，可避免直接冻伤植物叶片。如冬季覆盖芹菜防霜冻，可提高产量 30% 左右，提高产值 50% 左右。提高出苗率和成苗率 20%～60%，增产 20%～40%，增收 30%～50%。

（二）技术要点

用于降温栽培时，晴天盖，阴天揭；中午盖，早晚揭；生长前期盖，生长后期揭；雨前盖，雨后揭；30℃以上气温盖，30℃以下气温不盖。夏季用遮阴网育苗时，在定植前 5～7 天应揭网炼苗，提高秧苗的成苗率。用于防霜冻覆盖时，应做到日落后盖，日出后揭；霜冻前盖，融冻后揭。

二、避雨栽培技术

避雨栽培是通过覆盖农膜或网膜结合应用，减轻雨水冲击、降低菜地湿度和避免强光暴晒的一种栽培方式。

（一）效果与特点

1.优化生长环境

避雨栽培能起到减缓暴雨冲击、降湿避涝、遮光降温、保持土壤含水量和避免土壤干旱板结等作用，改善菜田小气候，优化生长环境。

2.高产优质、节本增收

避雨育苗率提高，节种增效；避雨栽培可显著减轻蔬菜病害，据全国农技中心试验，番茄避雨栽培与露地栽培相比，番茄晚疫病和病毒病发病率均降低 20 个百分点以上，增产 17%，菜农节本增收30%。

（二）技术要点

1.综合利用

夏秋季播种后在地表覆盖遮阳网防暴雨冲刷，出苗后搭小拱棚覆盖棚膜、遮阳网避雨遮阳。也可在大中棚上覆盖棚膜、遮阳网避雨遮阳，留顶膜避雨，四周通风，全封闭覆盖防虫网防虫。

2.适时管理

避雨育苗在出苗后应及时揭除地面覆盖的遮阳网，改为棚上覆盖，定植前几天揭去遮阳网炼苗。下雨前应及时覆盖棚顶膜，防止雨水进入棚内；雨后要及时揭开棚膜通风降温。同时，应加强遮阳网管理，不能一盖了之，傍晚、早上和阴天要揭开遮阳网透光，光照强时要盖上遮阳网遮阳降温。

3.措施配套

覆盖物应压实扎紧，防大风掀起；合理选择耐热、抗病品种；深沟高畦栽培，务必疏通沟渠，防雨水倒灌；高温干旱时应用喷滴灌科学灌溉；合理设置设施高度，防止植株顶膜。

三、二氧化碳施肥技术

二氧化碳(CO_2)是作物光合作用所必需的物质基础，对作物生长发育起着与水肥同等的作用，被称为"植物的粮食"。在设施栽培中，气体交换受到限制，外界空气中的二氧化碳不能及时补充到温室内，造成室内二氧化碳含量不足，使作物长期处于二氧化碳饥饿状态，使温室大棚中的作物光合作用非常缓慢，有时甚至会停止光合作用，严重影响作物的产量和品质。为维持植物正常的光合作用，需采取人工方法补充二氧化碳。

（一）效果与特点

在通常情况下，空气中的二氧化碳含量为 300×10^{-6}，如能将其浓度提高到 $800 \sim 1000 \times 10^{-6}$ 的范围内，就可以使很多作物的产量、品质大大提高。据测定：如果棚内二氧化碳浓度增加到 1000×10^{-6}，黄瓜可以增产15%，番茄增产30%，辣椒增产25%，芹菜增产43%。生产中一般将二氧化碳浓度 1000×10^{-6} 作为施肥标准。目前生产中主要推广使用吊袋式二氧化碳发生剂，这种方法使用方便、产气量高、释放期长、绿色环保的特点。

（二）技术要点

1. 施肥时期

大棚蔬菜苗期吸收 CO_2 量小，利用率低，易产生植株徒长，应不施或少施气肥；叶菜类在发棵期开始进行 CO_2 施肥，此期叶片活力强，叶面积系数增大，光合生产率高，CO_2 利用率高，增产幅度大；茄果类在开花坐果至果实膨大期为 CO_2 施肥最佳时期，此期进行 CO_2 施肥，有机物质积累多，促进果实膨大，提高果实产量。

2. 施肥方式方法

应在日出半小时后开始，随着光照强度增大，温度提高，施用 CO_2 浓度逐渐加大，达到确定的饱和浓度为止。由于 CO_2 比空气重，

为使增施的 CO_2 能均匀施放到作物功能叶周围，应将 CO_2 发生装置置于植株群体冠层高度位置，通常在作物上方 0.5 米，并采取多点施放以保障其均匀性，使增施的 CO_2 得到充分有效的利用。吊袋式二氧化碳发生剂应将吊袋挂在温室大棚中的骨架上，按"之"字形排列。

3. 施肥浓度

空气中 CO_2 浓度一般为 300×10^{-6} 左右，但蔬菜作物 CO_2 浓度在 $600 \sim 1500 \times 10^{-6}$ 左右时，光合速率最快，果蔬类蔬菜 CO_2 浓度以 $1000 \sim 1500 \times 10^{-6}$ 为宜，叶菜类蔬菜 CO_2 浓度以 $600 \sim 1000 \times 10^{-6}$ 为宜，晴天应取高限，阴天应取低限。吊袋式二氧化碳发生剂一亩地温室挂 $15 \sim 20$ 袋。

4. 施肥注意事项

提高温度和光照，大棚蔬菜实行 CO_2 施肥后，要堵好棚壁塑料薄膜空隙，提高室内保温性能，早晨日出揭苫时及时清除棚顶灰尘和障碍物，增强室内光照强度和升温速度，提高 CO_2 施肥效果；适当限制通风，二氧化碳施放后，要保持一定的闭棚时间，防止 CO_2 气体逸散至棚外，以提高 CO_2 利用率，降低生产成本；肥水管理，施用二氧化碳后蔬菜生长速度加快，肥水管理一定要跟上，适当增施磷钾肥，促进植株健壮生长；避免施肥过量，CO_2 浓度过高时会影响蔬菜作物对氧气的吸收，不能进行正常的呼吸代谢作用而影响正常的生长发育，引起植株老化、叶片反卷、叶绿素下降等，因此，使用浓度应略低于最适浓度，适当减少施用次数。

四、熊蜂授粉技术

熊蜂为膜翅目蜜蜂总科熊蜂族熊蜂属（Bombus）种类的总称，是一种广谱性的授粉昆虫，人工繁育熊蜂种群，可随时提供蜂群，利用熊蜂访花的自然习性，为设施茄子、番茄、西葫芦、冬瓜、辣椒、草莓等蔬菜授粉。

（一）效果与特点

1. 提早、增产、提质、增收

熊蜂授粉的作物比激素及人工授粉成熟早，促进坐果，显著增产；熊蜂授粉的果实畸形果少、圆整饱满、颜色亮丽，商品性好，完全还原果品原始自然风味，质优价高，促进菜农增收。

2. 安全环保

熊蜂授粉可完全替代激素蘸花，避免激素污染保护环境，不影响菜农健康，不对作物造成药害，提高蔬菜安全水平，是生产安全蔬菜的重要技术。

3. 省工省力

激素蘸花劳动强度大，熊蜂授粉则轻简高效。一般亩增收 400 元左右（一箱蜂 400 多元，可供 1.5 ～ 2.0 亩大棚茄果类、瓜类蔬菜授粉，亩成本 200 多元，而人工点花每亩约需工 6 个，每个工按 100 元计算，每亩共花人工费 600 元）。

（二）技术要点

1. 合理配置

为设施茄果类、瓜类、草莓类等开花较少的作物授粉，500 ～ 700 平方米的大棚配置 1 群熊蜂（60 只工蜂）即可满足授粉需要，大型连栋温室按照 1 群熊蜂承担 1000 平方米的授粉面积配置。

2. 蜂箱放置

在作物开花前 1 ～ 2 天的傍晚将蜂群放入大棚内，第二天早晨打开巢门。蜂箱应放在作物畦垄间的支架上，支架高度 30 厘米左右。

3. 维护蜂群

熊蜂的授粉寿命为 45 天左右，当为草莓、番茄等花期较长且花粉较少的作物授粉时，需要饲喂花粉和糖水，并及时更换蜂群，保证授粉正常进行。

4.加强棚室管理

棚室通风口应安装防虫网，防止熊蜂逃逸。授粉期间，根据作物生长要求控制温室内的温度和湿度。注意避免喷施农药对熊蜂造成伤害，必须施药时，尽量选用生物农药或低毒农药，施药时，应先将蜂群移入缓冲间并隔离足够的时间，然后放回原位。

五、减量化施肥技术

近年来，由于生产者片面追求蔬菜作物的产量，滥施化肥，导致土壤团粒结构不断遭到破坏、农产品品质下降、生产成本增加、环境污染日益加重等。我们首先必须从生产源头抓起，科学施肥、减少化肥流失，促进化肥的科学减量使用，减轻滥施化肥造成的危害。

（一）源头控制技术

1.化肥种类选择

根据土壤供肥性能、作物营养特性、肥料特性及生态环境特点，合理选择化肥品种。对较容易产生渗透的土壤，尽量减少使用容易产生径流、容易挥发的、环境风险较大的肥料；若土壤温暖湿润，则宜使用缓效肥料，适当增加有机肥使用比例，提倡配方施肥，施用复合（混）肥料、缓效肥料。

2.化肥用量控制

综合考虑作物种类、产量目标、土壤养分状况、其他养分输入方式、环境敏感程度，确定施肥量；要通过土壤测试，了解土壤养分供应的状况，结合其他的养分输入情况，如灌溉方式、有机肥料的施用、种子状况（有的种子包衣含肥料）等，确定化肥使用量。土壤养分含量较高时，应少施化肥；施有机肥料时，要适当减少化肥施用量；农业生产中存在除养分以外的限制因子（如缺水）时，应少施化肥；在下列区域要尽量少施或不施化肥：靠近饮用水水源保护区的土地；在石灰坑和熔岩洞上发育有薄层土壤的石灰岩地区；强淋溶土壤；易发生地表径流的地区；土壤侵蚀严重的地区；地下水位较高的地区。

3. 化肥施用方法

化肥尽量施在作物根系吸收区，以提高化肥利用率，减少流失，但在渗透性较强的土壤上，氮肥深施有增大淋失的可能，不宜采用；采用分次施肥，忌一次大量施肥，以免造成严重的渗透流失。磷肥原则上一次作基肥施用；氮肥应根据土壤地力和作物吸肥规律确定运筹比例，做到精确运筹，基肥和追肥相结合；钾肥要因土因作物施用，对需求量大的作物要分次施用；在一个轮作周期统筹施肥。在一个轮作中，把磷肥重点施在对磷敏感的作物上，其他作物利用其后效。如在水旱轮作中，把磷肥重点施在旱作上；尽量在春季施用化肥，夏秋季（雨季）追加少量化肥，以减少化肥随径流的流失和排水引起的化肥渗漏；氮肥应重点施在作物生长吸收高峰期。夏季施用尿素时，如有条件可加施脲酶抑制剂，以延缓尿素的水解，减少氨挥发；若使用铵态氮肥，应以少量分次施用为原则，如有条件可加施硝化抑制剂抑制铵态氮硝化为硝态氮。

（二）减少化肥流失技术

1. 采用合理的耕作方式

在坡度较大的地区，易发生化肥径流流失，应采取保护耕作（免耕或少耕）以减少对土壤的扰动，还可利用秸秆还田减少径流流失。在以渗透为化肥主要流失方式的平原地区，可采取耕作破坏土壤大空隙，或控制排水保持土壤湿度，避免土粒干燥产生大空隙引起渗漏。

2. 采用合理的灌溉方式

提倡采用滴灌、喷灌等先进灌溉方式，尽量减少大水浸灌。

3. 采用适宜的轮作制度

适宜的轮作制度可提高化肥的利用率，减少流失。如豆科作物与其他作物轮作，可节省化肥用量，深根作物与浅根作物轮作可充分利用土壤中的养分。

4. 农田排水循环利用

有条件的地区可利用田间渠道、靠近农田的水塘和沟渠等暂时接纳富营养的农田排水，灌溉时再使用，实现循环利用。

此外，在农田和受保护的水体之间，应利用自然生态系统建立缓冲带，或在河滨、湖滨人工设置保护带以拦截过滤从农田流出的养分，提高营养物质的净化能力，防止养分流入周围河流、湖泊和水塘等水体。

第八章　绿色防控

一、设施蔬菜病虫害绿色防控技术

（一）设施蔬菜主要病虫害种类

1. 设施蔬菜主要病害有

猝倒病、灰霉病、霜霉病、根腐病、枯萎病、黑腐病、软腐病、根结线虫病、早疫病、疫病、病毒病、菌核病。

2. 设施蔬菜主要虫害有

烟粉虱、蚜虫、小菜蛾、斜纹夜蛾、甜菜夜蛾、黄曲条跳甲、美洲斑潜蝇、菜青虫、蓟马。

（二）设施蔬菜病虫害发生特点

设施农业是在环境相对可控的条件下，利用现代工业设施装备，实现集约化高效可持续发展的现代农业生产方式。随着冬季的保温增温，夏季的遮阳降温实现综合环境的调控，种植结构的优化，蔬菜病虫害发生也产生了变化。设施蔬菜病虫害发生特点：种类增多，为害范围扩宽，为害时间提早，延长。过去未曾发生的病虫害如猝倒病、根结线虫病、烟粉虱、美洲斑潜蝇等在设施栽培蔬菜上均有发生，霜霉病、疫病等病虫害为害加重。武汉地区设施蔬菜主要病虫害发生情况见表8－1和表8－2。

表8－1　武汉地区设施蔬菜主要病害发生情况

病害名称	发生趋势	主要为害作物	发生时期（月）
猝倒病	中等偏重发生	辣椒、番茄、茄子、黄瓜、苦瓜、丝瓜、西葫芦、瓠瓜、薤菜、苋菜、芹菜、莴苣、生菜、油麦菜	全年（发生在蔬菜苗期）

续表

病害名称	发生趋势	主要为害作物	发生时期（月）
灰霉病	大发生	黄瓜、瓠瓜、茄子、番茄、辣椒、豇豆、菜豆、西兰花、花椰菜、莴苣、生菜、油麦菜、大蒜、香葱、韭菜	1月份至5月份 11月份至12月份
霜霉病	大发生	黄瓜、苦瓜、丝瓜、瓠瓜、莴苣、菠菜、生菜、油麦菜、十字花科蔬菜	3月份至6月份 9月份至12月份
根腐病	大发生	黄瓜、瓠瓜、茄子、番茄、辣椒、豇豆、菜豆	4月份至7月份
枯萎病	大发生	黄瓜、苦瓜、丝瓜、茄子、番茄、辣椒、豇豆	5月份至7月份
黑腐病	大发生	大白菜、小白菜、红菜薹、西兰花、花椰菜、萝卜	9月份至11月份
软腐病	大发生	大白菜、小白菜、红菜薹、花椰菜、西兰花、萝卜	9月份至11月份
根结线虫病	局部大发生	茄果类、瓜类、豆类、十字花科蔬菜及绿叶蔬菜	5月份至7月份
早疫病	中等偏重发生	茄子、番茄、辣椒	3月份至6月份
疫病	中等偏重发生	黄瓜、瓠瓜、茄子、番茄、辣椒、豇豆、菜豆	4月份至7月份
病毒病	中等偏重发生	茄果类、瓜类、豆类、十字花科蔬菜及绿叶蔬菜	4月份至6月份 9月份至11月份
菌核病	中等偏重发生	茄果类、瓜类、豆类、十字花科蔬菜、莴苣、藜蒿	1月份至4月份 11月份至12月份

表8-2　武汉地区设施蔬菜主要害虫发生情况

害虫名称	发生趋势	主要为害作物	为害时期（月）
烟粉虱	大发生	在园蔬菜	全年可见
蚜虫	大发生	在园蔬菜	2月份至7月份 9月份至11月份

续表

害虫名称	发生趋势	主要为害作物	为害时期（月）
小菜蛾	大发生	十字花科蔬菜（大白菜、小白菜、红菜薹、西兰花、花椰菜、萝卜）	4月份至6月份 7月份至11月份
斜纹夜蛾	大发生	辣椒、叶用薯、蕹菜、十字花科蔬菜等	6月份至10月份
甜菜夜蛾	大发生	十字花科蔬菜、辣椒、茄子等	5月份至10月份
黄曲条跳甲	中等偏重发生	十字花科蔬菜（大白菜、小白菜、萝卜）	5月份至9月份
美洲斑潜蝇	局部大发生	茄果类、瓜类、豆类蔬菜	4月份至11月份
菜青虫	中等发生	十字花科蔬菜	4月份至10月份
蓟马	中等发生	茄果类、瓜类、豆类蔬菜	5月份至9月份

（三）主要防控技术

1. 农业防治技术

1.1 清洁田园

1.1.1 技术原理

通过清洁田园，彻底清除病残体、杂草、生产废弃物，减少病虫源，达到降低病虫害发生概率的目的。

1.1.2 技术要点

清除杂草、植株残体，集中回收废弃物等；生产期随时清除棚内摘除的病叶、病果，集中处理。

1.2 高温闷棚

1.2.1 技术原理

利用太阳能和设施的密闭环境，提高设施环境温度，处理、灭杀土壤病菌和害虫。每年7月份至8月份是一年中温度最高的时期，也是设施蔬菜种植的闲置期，此时采取高温闷棚，棚内温度可达65℃～75℃，能有效杀虫灭菌。

1.2.2 技术要点

在7月份至8月份，深翻土壤30～40厘米，每亩加入鸡粪4立方米与土壤翻耕均匀，浇透水，之后地表覆透明塑料膜，闷棚处理，绝大多数病菌经过10～15天热处理即可被杀死，但有的病菌特别耐高温，如根腐病病菌、枯萎病病菌、根肿病病菌、根结线虫等一些深根性土传病菌必须经过处理30～50天才能达到较好的效果，防效可达80%以上。

1.3 选用抗病品种

蔬菜种类和品种很多，其抗病能力有较大的差别，在蔬菜生产过程，针对武汉地区设施蔬菜病虫害发生情况，通过大量引进国内外名特优品种进行比较试验、示范，从中选择优质、抗病、高产、稳产、适合当地设施栽培的蔬菜新品种。武汉地区选用的适合设施栽培的主要品种见表8-3。

表8-3 武汉地区主栽的设施蔬菜品种

蔬菜名称	选择品种
番 茄	斯诺克、GBS-爱因斯坦六号、亚非1号、海尼拉、京丹绿宝石、黑珍珠
辣 椒	湘早秀、佳美、鼎秀红6号、杭椒一号、红秀八号、洛椒超级五号、辣丰金线、景秀红
茄 子	春晓、迎春一号（鄂茄3号）、紫龙三号（鄂茄2号）、川崎长茄、汉宝一号
黄 瓜	津优1号、津优4号、燕白、华黄瓜6号、鄂黄瓜3号
瓠 瓜	浙蒲2号、南秀、青玉（鄂瓠杂1号）、碧玉
丝 瓜	玉龙、长沙肉丝瓜、翡翠二号、新翠玉
苦 瓜	华翠玉、华碧玉、春晓4号、绿秀、绿玉

续表

蔬菜名称	选择品种
豇豆	海亚特、鄂豇豆系列（1号、4号、6号、9号、11号、12号）
菜豆	泰国架菜豆、浙云3号、早华嫩荚、西杂王
毛豆	早丰王、景丰2号、绿宝石
大白菜	早熟5号、菊锦、山地王2号、新奥尔良、大地明珠娃娃菜
小白菜	南京矮脚黄、上海青、汉冠、汉优、矮萁青、华冠、速腾五号快菜
紫菜薹	大股子（洪山菜薹）、佳红5号、华红9006、华红5号、鼎秀红婷
青菜薹	49-19菜心、青翠菜心、雪婷80白菜薹
苋菜	红圆叶、红尖叶、白尖叶、白圆叶
蕹菜	泰国尖叶、吉安大叶、圆叶青梗蕹菜
青花菜	绿美、绿莹莹、绿翡翠、晚熟六号
花椰菜	白马王子80天、圣雪88、金光60天、庆农60天
松花菜	松不老55天、高山宝60天、迎春花60天、玉盘、长胜70天
生菜	意大利生菜、软尾生菜、日本结球生菜
油麦菜	四季香、板叶香、红脆香、四季尖叶
萝卜	长白春、玉长河、天鸿春、汉白一号
莴苣	翠竹长青、金典香尖、盛夏王、极品秋丰王、三青王、青峰王
芹菜	玻璃脆、百利西芹、日本杂交一代香芹菜
藜蒿	云南绿杆、小叶白、李市藜蒿、香藜1号
菠菜	日本全能、丹麦菠菜、东北尖叶、日本圆叶
叶用甘薯	福薯18号、鄂薯1号
草莓	晶瑶、红颊（红颜）、章姬（牛奶草莓）、丰香、法兰地

1.4 深沟高畦、地膜覆盖栽培

1.4.1 技术原理

深沟高畦栽培可保持土面比较干燥、疏松，创造适宜根系生长的环境条件，促进根系生长，同时，防止浇水或雨后田间积水，增强地上部的通风透光能力，降低田间相对湿度，减少病虫害的发生。地膜覆盖栽培可以明显减少土壤水分蒸发，降低棚内湿度从而减轻病害的发生。应用地膜覆盖在设施栽培中对于减少病害的发生显得更加重要，因为大棚的密闭环境，造成棚内湿度大，容易发生病害。

1.4.2 技术要点

对茄果类蔬菜及黄瓜、瓠瓜等蔬菜作成畦高 25 厘米，畦宽 80 厘米，沟宽 50 厘米的深沟高畦，畦面作成龟背形，畦面铺上地膜，地膜应一直铺到畦沟，两边用细土压实。

1.5 合理密植，整株打杈

1.5.1 技术原理

避免植株徒长，减少植株群体内荫蔽，加强通风透光，降低田间湿度，降低病虫害发生率。

1.5.2 技术要点

在大棚蔬菜生产中要扭转片面利用增加密度来追求高产的做法，通过合理密植，植株个体性状得到充分发展，生长健壮，提高抗病虫能力。武汉地区各种蔬菜种植密度参考值见表 8—4。

表 8—4　武汉大棚蔬菜种植密度参考值

蔬菜名称	每亩种植株数
番　茄	4000 株
辣　椒	2800 ～ 3600 株
茄　子	2500 ～ 3000 株
黄　瓜	4000 ～ 4200 株
瓠　瓜	1700 ～ 1800 株
丝　瓜	500 ～ 600 株
苦　瓜	660 ～ 700 株
豇　豆	10000 ～ 12000 株（双株／穴）
菜　豆	8000 ～ 9600 株（双株／穴）
红菜薹	3000 ～ 3500 株
莴　苣	5000 ～ 5500 株
青花菜	2300 ～ 3000 株
花椰菜	3000 ～ 4000 株
生　菜	20000 株

1.6 节水灌溉防病

1.6.1 技术原理

通过滴灌等节水灌溉措施，降低空气湿度，减少植株表面结露，缩短病菌侵染时间，延缓病害发生时期，降低病害发生程度。

1.6.2 技术要点

采用滴灌、微喷灌、小管出流、渗灌等形式等进行灌溉。一是灌溉水必须是清洁、无污染的水源，微灌系统必须具有过滤设备。二是根据水源、地形、种植面积、作物种类，选择不同的微灌系统。设施栽培茄果类瓜菜种植一般选择滴灌系统，叶菜种植一般选择微喷灌系统。三是农艺措施配套。平整土地，起垄栽培，输水管带铺设好后，通水试验，不漏水，水压适宜、稳定，滴灌正常后再覆盖地膜，按照适时适量的原则灌水，冬季尽量选择中午灌水。

2. 生态控制技术

2.1 温度调控

2.1.1 技术原理

通过调节棚内温度，创造有利于蔬菜生长的环境，提高作物的抵抗力，降低病害的为害。

2.1.2 技术要点

冬季采取保温加温措施如大棚内设保温帘，进行多层覆盖，利用电热线加温等；在蔬菜畦沟铺用干稻草，既可保温也可降低湿度。夏季采取降温措施，如遮阳网覆盖、喜阳与喜阴作物间作搭配，高杆和矮秆作物间作，以利用高秆作物茎叶为矮秆蔬菜创造生态遮阴环境。如丝瓜、苦瓜架下栽培辣椒，可大大减少日灼病等危害。

2.2 湿度调控

2.2.1 技术原理

由于大棚蔬菜处于密闭状态，棚内的相对空气湿度较大相对湿度大易诱发病害。通过通风、膜下滴灌等措施降低棚内湿度，减少病害的发生。

2.2.2 技术要点

大棚膜采用无滴膜；应用地膜覆盖；膜下滴灌，移苗时，采取"暗槽表苗法"，即先浇水，再栽苗，栽苗后只覆土不浇水；支架或吊蔓栽培，可加强群体内的通风透光，降低群体内的空气湿度，可明显降低病虫害发生率；早春时，注意放风控湿，在晴天中午温度较高时进行放风，即打开大棚两头的门，但门口要留一定高度的围裙（门槛），以免冷风伤害蔬菜，并密切关注棚内温度变化，当棚内温度低于25℃时及时关闭风口；应用避雨栽培技术，即利用大棚顶膜避免雨水直接接触蔬菜，降低田间湿度，从而达到减轻病害的目的。黄陂区芦笋生产中应用避雨栽培技术，对茎枯病防效可达90%以上。番茄上通过避雨栽培，其灰霉病、晚疫病、早疫病等大大减轻。

3. 生物防治技术

3.1 生物导弹防虫技术

3.1.1 技术原理

生物导弹治虫就是利用卵寄生蜂传毒杀灭害虫，发挥病毒和卵寄生蜂的双重作用。赤眼蜂是一种卵寄生蜂，通过柞蚕卵繁殖生产赤眼蜂，制作成寄生蜂卵卡盒（是为赤眼蜂携带病毒而设计的卡盒，能防雨、防晒、遮光和透气）。其杀虫原理是：一是赤眼蜂在害虫的卵中寄生、孵化，吸食卵液的营养，阻止害虫的孵化。二是未被赤眼蜂寄生的害虫卵，害虫初孵幼虫将因赤眼蜂传播的病毒感染而致死。

3.1.2 防治对象

主要用于鳞翅目害虫的防治。在蔬菜上主要防治豆野螟、甜菜夜蛾、斜纹夜蛾、小菜蛾、菜青虫等害虫。

3.1.3 使用方法

在害虫卵盛期使用，按 10 米 ×15 米等距离、4 ～ 6 枚每亩，将卵卡挂在枝条或主脉上即可。一般在晴天傍晚时投放。

3.1.4 技术特点

安全、经济、高效、环保。

安全，即对人畜无害（赤眼蜂 0.5 ～ 1.0 毫米，不蜇人），不伤害天敌；经济，即亩防治成本 50 ～ 60 元，持效期长；高效，即使用简单，日人均防治面积 100 亩以上，无需器械；环保，即节能、环境友好。

3.1.5 武汉地区应用情况

武汉市从 2010 年开始，引进生物导弹防虫技术，共引进生物导弹 10 万多枚，防治面积 3 万亩，取得了较大的成效，防治害虫效果达 80% 以上，社会反响强烈，农民绿色防控意识增强。

3.2 性诱技术

3.2.1 技术原理

性诱技术是通过诱芯释放人工合成的昆虫性信息化合物，并缓释到田间，引诱雄虫至诱捕器予以杀死，从而阻止其交配以降低害虫种群密度，最终达到防治害虫的目的。

3.2.2 防治对象

甜菜夜蛾、斜纹夜蛾、小菜蛾、豆野螟、豆荚螟、瓜绢螟等。

3.2.3 使用方法

在害虫成虫羽化期安置诱捕器，诱捕器有筒形干式诱捕器、水盆型诱捕器等，以筒形干式诱捕器诱蛾效果最好。将竹竿固定于田间，诱捕器固定于竹竿上，每亩放置 1 ～ 2 套诱捕器，20 ～ 30 天（不同厂家产品的持效期有差别，实际使用中遵照产品说明）更换一次诱芯。

3.2.4 技术特点

一是高度专一性，只针对目标害虫有效；二是高挥发性，不直接接触植物，对环境、其他动植物无害、无抗药性；三是经济、使用方便。

3.2.5 武汉地区应用情况

从 2007 年开始，武汉市引进性诱技术，共引进害虫性诱剂及诱捕器 20000 多台套。一是应用甜菜夜蛾和斜纹夜蛾性诱剂监测甜菜夜蛾和斜纹夜蛾，摸清了武汉市蔬菜甜菜夜蛾和斜纹夜蛾的发生规律。二是应用甜菜夜蛾和斜纹夜蛾性诱剂防治甜菜夜蛾和斜纹夜蛾，取得了较好的防治效果，平均每天诱蛾 30 头左右，田间虫量明显减少了，投入成本明显降低了，比未使用的每亩节约成本 84 元。同时大大减少了化学农药的使用，省工省力。

3.2.6 注意事项

一是性信息素诱芯产品易挥发，使用前需在 0℃以下冰箱中冷冻，使用时才打开密封包装袋，一旦打开包装袋，应尽快用完袋中诱芯；二是由于性信息素只针对目标昆虫，高度专一，安装不同种害虫的诱芯，需要洗手，以免交叉污染；三是诱捕器所安装的位置、高度、气流情况会影响诱捕效果，一般应设置在较空旷的田野里，上风位置，外周放置密度高，略高植株，棚室可直接挂于棚内；四是性信息素引诱的是成虫，所以诱捕应在低密度时开始，减少损失。

4. 物理防治技术

4.1 灯诱技术

4.1.1 技术原理

利用害虫的趋光波特性，引诱害虫成虫扑灯，灯外配以频振高压电网或水盆等杀虫装置，达到杀灭害虫、控制虫害的目的。

4.1.2 防治对象

可广泛用于农、林、蔬菜、园林等方面的害虫防治。在蔬菜上可诱杀斜纹夜蛾、甜菜夜蛾、银纹夜蛾、豆野螟、小菜蛾、小地老

虎、非洲蝼蛄、红腹灯蛾、跳甲、黄守瓜、金龟子、蝉等 30 余种
害虫。

4.1.3 使用方法

新型杀虫灯主要是频振式杀虫灯和太阳能杀虫灯。频振式杀虫
灯的应用方法是：将杀虫灯吊挂或以其他方式固定放置在田间，吊
挂高度为前期高于作物 1.2 米左右。每灯控制范围 50 亩左右，灯在
田间呈棋盘状分布。每年 3 月份开始安装使用，11 月份不使用时（如
冬季）宜收回室内存放。注意定期维护灯具，清理收集害虫，以确保
使用效果和延长灯具寿命。

4.1.4 产品特点

一是杀虫谱广，应用范围广，杀虫效果显著；二是控制范围大，
防治成本相对低；三是环保无污染，还能减少化学农药用量，生态
效益好；四是使用简单，操作方便。

4.1.5 武汉地区应用情况

武汉地区自 2003 年开始引进新型杀虫灯—光控雨停电击式杀
虫灯和光控频振式杀虫灯；2010 年开始引进太阳能杀虫灯，共推广
使用杀虫灯 6000 多盏，5000 多盏是频振式杀虫灯，涉及武汉地区
10 个区、37 个乡（街、镇、场）85 个村，防治面积 80 万多亩次。
取得了较大成效。一是防治害虫效果好，诱集量平均每灯每晚可达
0.5 千克，多的达 1 千克。二是控害保益，生态效果明显。三是防
治成本降低。亩防治成本降低 25 元。四是社会效益显著，杀虫灯
的应用减少了农药的使用次数和使用量，提高了蔬菜质量，保障了
人类身体健康，节约了投资成本，减轻了农民负担，增加了农民的
收入。

4.2 色诱技术

4.2.1 技术原理

利用烟粉虱、美洲斑潜蝇、蚜虫等害虫成虫对黄色具有强烈的

趋性，蓟马等趋蓝性，利用具有特殊胶种的高效黄蓝色黏虫板诱杀害虫。

黄虫板防治图　　　　　　PS-15H 光控频振诱虫灯

4.2.2 防治对象

烟粉虱、美洲斑潜蝇、蚜虫等害虫。

4.2.3 使用方法

主要用于大棚蔬菜，在虫口基数低时应用，当虫口密度较大时必须采取化学防治，压低虫口基数。挂板时间：从苗期和定植期都可使用，保持不间断使用可有效控制害虫发展。悬挂位置：对低矮生蔬菜，应将黏虫板悬挂高于作物上部 15～20 厘米即可。对搭架蔬菜应顺行，使诱虫板垂直挂在两行中间植株中上部或上部。使用数量一般以每亩 30 片为宜。可重复使用，当黏虫板黏满害虫时，可用水冲掉，然后再悬挂，一般可反复使用 2～3 次，效果不佳时，应更换黏虫板，特别注意不要随便乱丢废弃的黏虫板，要有环保意识。

4.2.4 技术特点

一是绿色环保无公害，无污染。二是特殊胶板，特定颜色，高效诱虫。三是胶黏度高，高温不流淌，抗日晒雨淋，持久耐用。四是双面涂胶，双面诱杀，且操作方便，开封即用，省时省力。

4.2.5 武汉地区应用情况

2005 年，武汉市蔬菜小型害虫发生猖獗，特别是蔬菜烟粉虱肆虐，给武汉市蔬菜生产造成较大的损失，为了控制其为害，开始引进黄色黏虫板。武汉市共引进推广黄色黏虫板 60 多万张，防治面积 2 万余亩。诱虫效果十分明显，诱集的害虫种类主要是烟粉虱、美洲斑潜蝇、蚜虫，一天时间，黄色黏虫板上布满了虫子，结合药剂熏棚，避虫网驱避，无公害农药防治等措施，能有效控制烟粉虱的为害。

4.3 防虫网防治技术

4.3.1 技术原理

通过覆盖在棚架上构建人工隔离屏障，将害虫拒之网外，切断害虫（成虫）繁殖途径，有效控制各类害虫，同时，防止虫媒传播病毒病。

4.3.2 技术要点

一是覆盖形式。大棚全覆盖将防虫网直接覆盖在棚架上，四周用土压实，棚管（架）间用压膜线扣紧，留大棚正门揭盖，便于进棚操作。有的大棚四周应用，有的仅应用于大棚通风口。二是覆盖前进行土壤化学除草。三是选择适宜的规格。较为适宜的是 20～25 目，丝径 0.18 毫米，幅宽 1.2～3.6 米，白色。四是喷水降温。气温较高时，网内温度会略高于网外，注意适时喷水降温。

4.3.3 技术特点

一是绿色环保无公害，无污染。二是形成屏障，阻隔害虫进入。三是可抵御暴风雨冲刷和冰雹侵袭。

4.4 化学防治技术

4.4.1 农药选用原则

使用的农药必须经过农业部农药检定所登记；禁止在蔬菜上使用甲胺磷、甲拌磷、对硫磷、甲基对硫磷、克百威、涕灭威、久效磷、氧化乐果、马拉硫磷、磷胺。合理选用高效、低毒、低残留农药，尽量选用烟剂，少用水剂，限量使用中等毒性农药。

4.4.2 农药安全使用的准则

严格安全间隔期；按农药说明书的规定使用；严格按照农药操

作规程操作。

4.4.3 农药的使用技术

一是根据作物种类、栽培方式、生育期及病虫害种类选择不同的施药方法，如大棚栽培蔬菜病虫害防治尽量应用熏烟法，茄果类蔬菜开花期，应用涂花器法，防治灰霉病及保花保果，这种局部施药，直接针对靶标，减少了用药量，减少了污染，提高了防效；防治土传病害和地下害虫施药方法主要是拌种法、种衣法、灌根法等，防治地下害虫有的还用毒饵法。叶片上发生病虫害应用喷雾法防治。二是要对症下药、适时施药、适量施药、采用低容量喷雾技术、轮换用药、合理混用农药等。武汉地区大棚蔬菜用药指南见表 8－5。

表 8－5　武汉地区大棚蔬菜化学防治一览表

病虫害种类	农药名称及剂量	使用方法
猝倒病	72.2% 霜霉威 800～1000 倍液 99% 恶霉灵 3000 倍液 54.5% 噁霉·福美双 1500 倍液	喷雾
霜霉病 疫病	10% 氰霜唑 2000 倍液 53% 精甲霜·锰锌 500 倍液 72.2% 霜霉威 800～1000 倍液 72% 克露 500 倍液	喷雾
灰霉病	40% 嘧霉胺 800～1600 倍液 50% 异菌脲 800～1600 倍液 50% 腐霉利 2000 倍液	喷雾
枯萎病 根腐病 黄萎病	99% 恶霉灵 3000 倍液 54.5% 噁霉·福美双 1500 倍液 70% 甲基硫菌灵 1000 倍液	灌根
病毒病	混合脂肪酸 AS 100 倍液 盐酸吗啉呱·乙酸铜 300 倍液 15% 植病灵 Ⅱ 800 倍液	喷雾
根结线虫病	90% 敌百虫 1000 倍液	灌根

续表

病虫害种类	农药名称及剂量	使用方法
黑腐病 软腐病	72% 农用链霉素 4000 倍液 72% 新植霉素 4000 倍液	喷雾
早疫病	50% 异菌脲 800 ～ 1600 倍液	喷雾
斜纹夜蛾 甜菜夜蛾	15% 茚虫威 3750 倍液 10% 溴虫腈 1500 倍液	喷雾
美洲斑潜蝇	20% 吡虫啉 6 ～ 10 毫升/亩 1.8% 阿维菌素 2000 倍液	喷雾
蚜虫	10% 吡虫啉 1500 倍液 10% 氯氰菊酯 1500 倍液	喷雾
烟粉虱	4% 阿维啶虫脒 1500 倍液 2.5% 联苯菊酯 800 倍液	喷雾
红蜘蛛	5% 氟虫脲 2000 倍液 5% 噻螨酮 2000 倍液	喷雾
蓟马	10% 溴虫腈 1500 倍液 20% 吡虫啉 6 ～ 10 毫升/亩	喷雾
黄曲条跳甲	80% 敌敌畏 1000 倍液 1% 甲维盐 2500 倍液	喷雾
小菜蛾	1% 甲维盐 2500 倍液 2.5% 多杀霉素 1500 倍液	喷雾
菜青虫	5% 顺式氰戊菊酯 1500 倍液	喷雾

二、绿色防控技术应用实例

（一）烟粉虱绿色防控集成技术

1. 作物残株处理及田园清洁

对罢园蔬菜残体及路边、沟边、田间杂草及时清除并集中烧毁，减少虫源。

2. 高温闷棚（方法所述同前）

3.防虫网阻隔

采用防虫网覆盖栽培以阻隔烟粉虱入侵为害。在培育"无虫苗"时，育苗床与大田生产要分开，使用40～60目防虫网隔离育苗，防目烟粉虱传入危害。冬春大棚栽培蔬菜等作物可在棚室四周及门口增设60目防虫网于薄膜内侧，以防掀膜通风时害虫侵入；夏秋可采用防虫网大棚全网覆盖栽培或顶膜裙网法栽培。

4.利用黄色黏虫板诱虫

利用烟粉虱趋黄性，在大棚内悬挂30厘米×40厘米黄色黏虫板，每亩挂30片为宜。对低矮生蔬菜，应将黏虫板悬挂于距离作物上部15～20厘米即可。对搭架蔬菜应顺行，使诱虫板垂直挂在两行中间植株中上部或上部。

5.利用银色避虫网避虫

利用其忌避性，在大棚两端利用银色避虫网做门帘。

6.化学防治

认真做好虫情调查，达到防治指标时立即进行化学防治。其指标是：当大叶类蔬菜单株的上、中、下3片叶的若虫数平均达11～15头，小叶类蔬菜单株的上、中、下3片的若虫数平均达5～10头时，应立即进行化学防治。

6.1 熏棚

用80%敌敌畏或25%熏杀毙熏空棚。在扣棚后育苗前或定植前7～10天亩用80%敌敌畏乳油250毫升加硫磺粉2～3千克加锯末或亩用熏杀毙250克点燃后闭棚24小时进行熏杀，后放风至无气味时再播种育苗或定植。

6.2 喷雾

因烟粉虱繁殖快，世代重叠，因此，在同一时间，同一作物上，存在各种虫态，在当前缺少一种农药能对多种虫态都有效的情况下，故靠一次用药，使用一种农药，难以达到预期效果。应用药剂可选用 4% 阿维啶虫脒 2500 倍液或 2.5% 联苯菊酯 800 倍液交替防治。傍晚施药为宜，均匀喷雾，重点喷雾植株下部和叶片反面。

（二）斜纹夜蛾和甜菜夜蛾绿色防控集成技术

1. 深耕灭虫蛹，清洁田园，减少虫源

前茬作物收获后，及时清除残茬，并深耕土壤，消灭在落叶中和浅土层内的幼虫和蛹。同时清除沟边、路边、田边杂草，减少虫源。

2. 人工捕杀

斜纹夜蛾和甜菜夜蛾幼虫常在早晨和傍晚出来活动，而在白天钻入土中隐藏起来或躲在寄主植物遮荫处（如菜心中或叶背面），因此，可在早晨或傍晚人工捕捉幼虫。摘除卵块集中销毁。

3. 应用性诱技术诱杀成虫

在害虫成虫羽化期在田间安置诱捕器及诱芯，每亩放置 1～2 套诱捕器，高度 1.0～1.2 米，20～30 天（不同厂家产品的持效期有差别，实际使用中遵照产品说明）更换一次诱芯。

4. 灯光诱杀

利用两蛾的趋光性，应用杀虫灯诱杀成虫。方法见前面。

5. 应用核型多角体病毒防治

在武汉我们进行了核型多角体病毒防治花椰菜甜菜夜蛾试验（使用 300 亿 PIB/ 克甜菜夜蛾核型多角体病毒制剂每亩 2 克在甜菜夜蛾卵孵化高峰期喷雾）。试验结果表明 300 亿 PIB/ 克甜菜夜蛾核型多角体病毒药效较慢，施药 7 天后防效较明显，药后 10 天防治效果最好，药后 15 天还能维持较好的防效，持效期较长。5～7 天 1 次，连续 2～3 次。喷雾时傍晚为宜。

6. 药剂防治

在卵孵化盛期至一、二龄幼虫高峰期施药，选用 15% 茚虫威 3750 倍液或 1% 甲维盐 2000～2500 倍液或 2.5% 多杀霉素 1500 倍液或 10% 溴虫腈 1500 倍液等交替防治，7 天左右一次，连续 2 ～ 3 次。针对害虫昼伏夜出的习性，喷药时间在傍晚进行。

（三）枯萎病绿色防控集成技术

在武汉地区，枯萎病主要发生在黄瓜、苦瓜、丝瓜、豇豆、番茄、辣椒等蔬菜上。

1. 轮作

与十字花科蔬菜实行 2 ～ 3 年轮作。

2. 深沟高畦，地膜覆盖栽培。

3. 种子包衣

用 2.5% 咯菌腈进行种子包衣处理，用量为每千克种子 4 ～ 8 毫升农药。

4. 嫁接防病

在武汉地区利用嫁接技术防治苦瓜枯萎病，选用南瓜作砧木。嫁接后根系发达、抗病、抗旱，成活率高。防效达 80% 以上。

5. 雨后及时排水，降低田间湿度

发现病株及时拔除，带出田外集中销毁。

6. 药剂防治

可用 99% 恶霉灵 3000 倍液或 54.5% 噁霉·福美双或 70% 甲基硫菌灵 800 倍液灌根防治。

（四）根结线虫病绿色防控集成技术

1. 高温闷蒸

选择在夏季高温休耕时，深耕翻地 30 厘米，灌水至饱和，盖严地膜，高温闷蒸，使得土壤温度持续升高，可起到杀灭线虫的效果。

2. 苗床消毒和培育无病苗

培育无病苗是避免根结线虫为害的重要途径之一。如果苗床面积大，可采用苗床消毒措施。可用草炭、塘泥、稻田土等无病土育苗。

3. 合理轮作

与葱、蒜类轮作 2 ～ 3 年，可起到减少虫源作用。

4. 药剂防治

沟施或穴施 10% 噻唑膦每亩施用 2 千克，防效可达 60% ～ 80%，有效期可达 2 ～ 3 个月。也可用 90% 敌百虫 1000 倍液或 40% 辛硫磷乳油 1500 倍液灌根防治。

（五）黄瓜霜霉病绿色防控集成技术

1. 选用抗病品

黄瓜不同品种对霜霉病的抗性差异很大，一般早熟品种抗性比晚熟品种差。较抗病又适宜于大棚生长的品种有：津研 2 号、4 号，津优 1 号、4 号，津杂 1 号、2 号，津春 2 号、3 号。

2. 采用高畦地膜和滴灌栽培，以提高地温，降低湿度。

3. 调控大棚的温湿度

要利用大棚封闭的特点，创造一个高温、低湿的生态环境条件，控制霜霉病的发生与发展。具体做法是：日出 1 小时后，大棚放风 1 小时，使棚内空气对流，以降低温度。温度升到 28℃ ～ 32℃，再放风。中午放风要加大风口，使温度降至 20℃ ～ 25℃，湿度降至 70% 以下，日落前再放风一次，上半夜棚内温度 15℃ ～ 20℃，湿度 60% ～ 70%，下半夜湿度上升时，将温度降低到 12℃ ～ 13℃。这样使霜霉病发生蔓延的最适温度和最适空气湿度相对错开，病害的发生就会受到控制。

4. 高温闷棚

利用温度在 30℃ 以上时霜霉病病菌受抑制、42℃ 以上可杀灭病菌的特点，可在晴天中午采用高温闷棚法来控制病害。为防止黄瓜受热害，可在闷棚前 1 天浇一次透水，在黄瓜生长点上方挂温度计，先使棚温上升到 40℃，再缓慢上升到 45℃，保持 2 小时。温度不能低于 42℃，也不能超过 47℃（超过 47℃对生长点有灼伤）。然后由小到大放风，使棚温降至 28℃左右，进行正常管理。一般 10 天后可再闷棚一次，以有效控制病害发展。

5. 药剂防治

5.1 烟熏

当中心病株出现时，用 45% 百菌清烟雾剂烟熏防治，每亩每次 200 克。傍晚闭棚后，将药片均匀置于棚内，点着烟后闭棚，次日早晨通风。隔 7 天熏 1 次，视病情熏 4 ～ 5 次。

5.2 喷雾

未发病时可用保护性杀菌剂如代森锰锌可湿性粉剂 500 倍液或 10% 氰霜唑 2000 倍液喷雾预防。发病初期，可选用 72.2% 霜霉威 800 倍液或 72% 的克露 500 倍液或 53% 精甲霜锰锌 500 倍液喷雾防治，5 ～ 7 天 1 次。

三、设施蔬菜病虫害机防技术

蔬菜的质量安全，关键是把标准化贯穿于生产全过程，而精准的施药方法是其关键环节。特别是设施大棚、温室生产，其温度高、湿度大、密度紧、通风条件差，病虫害发生概率高。应用机防技术，采用新型高效植保机械，用生物农药施药或低量及超低量化学农药喷雾，可达到高效施药、减量施药、精准施药的防治效果。不仅起到作用佳、省工、省时、节药、降低成本作用，更有效减低大棚温室内环境污染。

目前，设施蔬菜植保机械选型与机防技术有如下几种：

1. 高压喷雾型机械

机防技术：常规喷雾雾粒直径在 200 ～ 400 微米，由于雾粒大，70% 左右的药液从叶面滴淌到地上，浪费严重。

DA-30A 型推车式高压喷雾机

应用高压喷雾技术，雾粒直径在 30～90 微米，雾化效果好，叶面着药均匀，药液分布密度大。用水量少，药液流失少，农药利用率高达 80%～90%。超高压电动喷雾器喷药，雾粒细，雾滴多，浓度高，密度大，药剂颗粒在叶面上的分布密度完全达到了控制病虫的程度，防治效果好。

2. 高效宽幅可调节喷雾型机械

机防技术：高效宽幅可调节喷雾技术可对工作压力喷雾幅宽进行调节，采用担架式、推车式动力喷雾机，配套高压喷雾管和低量可调节喷枪、多喷头喷枪等，实现设施农业生产中的病虫害防

担架式 3WKY-40 型

治。针对不同作物配套不同技术模式，能够实现理想作业效果。

作物的苗期及矮植株作物防治病虫害，采用多头喷杆，雾化效果好、喷幅宽、效率高；

针对藤杆类作物后期精确施药，使用四头喷嘴喷洒时，雾化效果最佳，而且喷洒球面角大，用水量少，但喷洒距离近。

3. 高压静电超低量喷雾型机械

机防技术：静电喷雾技术通过高压静电发生装置，使雾滴带电喷施的方法。静电雾化所形成的雾滴细微，在输运过程中吸附空气中悬浮的灰尘，粒径谱较窄，带同种电荷的雾滴互相排斥，在空间不易聚并。靠近物体的带电液滴使目标物产生静电感应，在静电力的作用下吸附于植株表面增加了药液沉积量，尤其可以大幅增加植株背面的沉积量药液，

"雾星"牌 B-1 型静电喷雾器

分布均匀减少了喷洒死角。药液在植株叶片表面的沉积量显著增加，

可将农药有效利用率提高到 90%。

4.常温烟雾型机械

3YC-50 型   3YL2 型   3YC-80 型

机防技术：常温烟雾施药技术是一种先进的温室大棚植物病虫害防治技术，常温烟雾机能使雾流细密、浓度高，在作物丛中漂移穿透性强。采用外混式二相流喷雾技术，使得气流旋转速度加快，喷射阻力减小，达到理想雾化效果，雾滴平均粒径 20 微米左右，具有良好的弥漫性，能均匀沉降至靶标各处，起到很好防治效果。与常规喷雾技术相比，可节约农药 10% ～ 30%，实现高植株蔬菜的全方位防治，提高病虫害的防治效果。

常温烟雾机由优质空压机、气液二相流喷头、气流沸腾式搅拌装置等核心技术制造，喷射装置和操作机构分别设置在棚室内外，喷雾作业时人机分离，作业者在室外通过控制系统进行半自动化操作，无须进入棚内，安全可靠，避免农药中毒，大大减轻了劳动强度。

近年来，我国研制成功了 3YC-50 型、3YL2 型、3YC-80 型常温烟雾机。

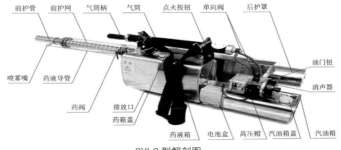

3YL2 型解剖图

5. 热烟雾型机械

GHYC-25C 型效果图　　　　　法美特 GHYC-25C 型

机防技术：热烟雾机是一种新型的施药机械。它是运用火箭发动机的脉冲燃烧喷气原理设计制造的，整机没有转动部件，汽油作为动力燃料。利用发动机产生的高温气流将所施的药液烟雾化，弥漫性好，全方位无死角，比传统的施药机械效率高。缺点是只能选用受热不致分解的农药。农药的使用形态为乳剂、水剂以及部分可湿性粉剂，尤以乳剂为宜，水剂、乳剂按常规量（也可减少 1/3）使用，高效可湿性粉剂每升烟雾剂限量 100 克。完全在棚内施药，采用退行喷施法，即操作人员以每分钟 6～8 米的速度由内向外移动，直至出口处，并关好棚门；也可以把烟雾机放置在门口，朝向棚内喷施烟雾。喷药时动作要均匀缓慢，不可急猛快速进行；热烟雾技术喷出的烟雾温度高，喷口距离作物的适当距离一般 0.5 米左右，避免叶片灼伤。

我国先后研制生产的脉冲喷气式热烟雾机，如 3Y 系列烟雾机、6HY-25 型背负肩挂烟雾机和 3YD-8 型背负肩挂烟雾机等，可用于棚室病虫害防治。

第九章　防灾抗灾

一、气象灾害种类与成因

武汉属亚热带季风气候，天气气候复杂，夏季酷热、冬季寒冷。是受暴雨洪涝、干旱、寒潮、大风、冰雹、低温冻害和雪灾等灾害性天气影响最严重的地区之一。

（一）暴雨洪涝

气象上把日雨量 ≥ 50 毫米称为暴雨，日雨量 100 ～ 250 毫米称大暴雨，日雨量 ≥ 250 毫米为特大暴雨。在武汉凡是出现大暴雨或特大暴雨的地方，都会有洪涝灾害发生。洪涝灾害是由于降雨过多而产生的洪水和渍害的总称。洪水是指山洪暴发或江、河、湖、塘涨漫、堤坝溃决时，大量超额洪水淹没土地、农作物，冲毁农田、道路和其他建筑物，危害人们的生命财产。渍害也是农业气象灾害之一，主要指土壤含水量过剩，农作物根系受渍而影响生长发育造成减产。

暴雨洪涝历来是武汉市自然灾害之首，它具有发生频率高，影响范围广，危害强度大，造成的损失严重等特点。武汉暴雨一年四季都有发生，但绝大多数较大范围的暴雨出现在 5 月至 10 月间，尤其是每年的六七月，即武汉地区的梅雨季节，因降水集中，强度大，多处来水共同遭遇，是暴雨洪涝灾害的高发期，且形成的灾害范围大，持续时间长，灾情重。

（二）干旱

干旱指因长期无雨或少雨，造成空气干燥、土壤缺水、人类生存和经济发展受到制约的气候现象。按发生季节可分为：春旱、初夏旱、伏旱、秋旱、冬旱和季节连旱(如冬春连旱、夏秋连旱、秋冬春三季连旱等)。

干旱对农业生产的影响十分重大,其中伏旱或伏秋连旱是武汉地区出现频次最多,受旱范围最广,灾害最严重的旱害。伏秋连旱通常出现在七八月份,但往往可延续到 9 月、甚至 10 月才结束。这个时期正是大秋播蔬菜活跃生长期,需水多,加上气温高、蒸发量大,所以十天半月不下透墒雨,旱象就会露头。随着旱期地延长,受旱面积的扩大,旱情也日益严重。在旱情严重的年份,最终会导致蔬菜严重减产,甚至绝收。

(三)寒潮冻害

寒潮是冬半年北方大范围强冷空气南下造成剧烈降温的天气过程。寒潮往往带来大风、剧烈降温、雨雪和冰冻天气,有时还伴随雷电、雨凇、雾凇等天气现象,给国民经济、工农业生产、人类生存环境和人体健康都带来很大影响。

冻害是武汉冬季常见的气象灾害,它包括雪灾、霜冻、冰冻等,它们形成的原因都与低温有关。冬季北方大范围强冷空气南下特别是造成低温的主要天气过程。

1. 寒潮

按照中国气象局的规定:某地的日最低气温 24 小时内降温幅度大于或等于 8℃,或 48 小时内降温幅度大于或等于 10℃,或 72 小时内降温幅度大于或等于 12℃,而且使该地日最低气温下降到 4℃或以下的冷空气为寒潮。

2. 雪灾

雪灾主要是指因连续下雪量较大、积雪多而形成的冻害现象。雪灾往往因积雪多、雪压过大、气温过低压坏、冻坏农作物,折断林木等。

3. 霜冻

霜是指在寒冷、清朗、无风的夜晚，地面以及地面物体上凝结的冰晶。霜冻一般是指在农作物生长季节里，土壤表面和植株体温降到0℃或0℃以下而引起植物受害的一种农业气象灾害。根据霜冻发生的季节不同，常分为秋霜冻（也称早霜冻）和春霜冻（也称晚霜冻）。秋霜冻是指秋收作物尚未成熟时发生的霜冻，每年入秋后第一次出现的霜冻称为初霜冻。春霜冻是指发生在春播作物首期、果树花期、越冬作物返青后出现的霜冻，每年开春后最后一次出现的霜冻称为终霜冻。初霜冻出现得越早、终霜冻出现得越晚，对作物的危害越大。

4. 冰冻

冰冻是指空气中过冷却雨滴、雾滴以及冻结雪附着在寒冷的农作物、树枝、电线、房屋等物体上或地面上形成的冻结现象。它是雨凇、雾凇、冻结雪等的总称。冰冻对农林作物的影响主要是造成越冬作物植株和各种林木果树的机械损伤。

（四）低温阴雨

连续降雨5天以上的天气过程简称为连阴雨，它是一种较严重的农业灾害天气。通常武汉地区的连阴雨天气过程都伴有冷空气活动和降温发生，因此连阴雨期间的雨日雨量多、日照少、气温低、湿度大，容易给农作物造成渍害和冷害。在农作物关键发育期出现长连阴雨，影响根系对养分的吸收而发生枯萎或死亡；日照长时间不足，使植物的光合作用受限而造成生长发育不良；气温条件不能达到作物生长发育期对气温的生理需要，极容易发生萎、烂、死或不孕不育等，导致严重减收情况发生，还会引发相关的病害和虫害，给农业生产造成重大损失。

武汉地区春季连阴雨在3月至4月出现较多。

（五）高温热害

高温热害是指持续出现超过作物生长发育适宜温度上限的高温，对植物生长发育以及产量形成的损害。一般指连续 3 天最高气温 ≥ 35℃或连续 3 天平均气温 ≥ 30℃。

（六）大风

指平均风速 ≥ 10.8 米/秒（6 级）或瞬时风速 ≥ 17.2 米/秒（8 级）的风，包括寒潮大风、雷暴大风、飓风和龙卷风等，它是武汉市的最主要自然灾害之一。

大风不仅能摧毁房屋、庄稼、树木和通讯设施，在农业生产上也可以造成作物叶片损伤，茎秆折断，植株倒伏，籽粒（或花、果实等）脱落，设施农业摧毁等，对人民生命财产和国民经济危害很大。

（七）冰雹

冰雹是从发展强盛的高大积雨云中降落到地面的冰块或冰球。在气象观测中直径在 5 厘米以上的固体降水称为冰雹。3 月至 8 月是武汉地区冰雹灾害的多发时期，其中又以 4 月至 6 月为最多。冰雹天气对农业的危害主要是雹块和大风对农作物和牲畜的机械杀伤，使农作物叶片破碎、茎秆折断、倒伏、花蕾果实脱落。

二、气象灾害的特点

气象灾害是自然灾害中发生次数最多、影响范围最广、造成损失大的灾害，它有以下特点：

（一）种类多

影响农业生产的气象灾害多达 10 余种，其中危害较大的主要有：干旱、暴雨洪涝、低温冷害和冻害、高温热害、连阴雨，以及大风和冰雹等。

（二）范围广

气象灾害一年四季都会发生，无论在高山、平原、高原，还是在江、河、湖以及空中，处处都有发生气象灾害的可能。

（三）频率高

每年都可能出现干旱、洪涝、大风、冰雹、低温冻害、连阴雨等灾害，其中对社会生产和人民生活危害最为严重的是干旱和洪涝灾害，而雷暴大风则是出现最多的气象灾害。

（四）持续时间长

同一种灾害常常连季、连年出现。例如，湖北省7月份至9月份经常会出现的伏秋连旱；2008年年初出现持续20多天的低温雨雪冰冻灾害；1998年出现长达近两个月的暴雨洪涝灾害。

（五）群发性明显

某些气象灾害往往在同一时段内相继或相伴出现，暴雨、雷电、冰雹、大风等强对流性天气在每年汛期常有群发现象。

（六）次生灾害及衍生灾害多发

异常的天气气候条件往往能引发洪水、泥石流和植物病虫害等自然灾害，产生连锁反应。

（七）灾情严重

据统计，每年气象灾害及其次生灾害造成的损失占自然灾害损失的85%以上，约占国民生产总值的3% ～ 6%。近几年来我市气象灾害频繁，如2010年夏季洪涝、2011年春夏连旱都给武汉地区农业生产造成重大损失。

三、设施蔬菜防灾抗灾技术

（一）暴雨洪涝的防灾抗灾技术

1. 抢抓排水降渍

抢抓雨隙，突击清理、疏通三沟，排除渍水，确保雨下快排，雨止沟干，畦面厢沟无积水。对地势低洼内河水位高的地区，组织电泵排水，加快排水速度和降低地下水位，受淹菜地应尽早排除田间积水，腾空地面，减少淹渍时间，减轻受害程度。做到"三沟"沟沟相通，促进蔬菜根系健康生长，减少渍害。减少因积水和渍害导致的蔬菜窒息死亡，避免蔬菜提早罢园。

2. 抢抓在园菜管理

及时扶正菜株，要及时将倒伏的蔬菜扶正，减少相互挤压的现象，并适当培土壅根。及时喷施叶面肥，在暴雨过后，蔬菜根系吸收水肥的能力较差，这时应及时喷施叶面肥，一般可用0.2%的磷酸二氢钾＋0.5%尿素液，能使蔬菜迅速恢复生机。及时中耕松土，雨后土壤板结，待土壤稍干爽即可进行中耕松土，以改善土壤结构，提高根系活力。及时泼水或灌冷井水，当暴雨过后，应及时进行人工泼水，冲洗叶片。在有水井的地方，最好用井水进行喷灌，把黏附在茎叶上的泥土洗净。

针对前期肥料投入少，梅雨期流失多，蔬菜群体偏小的状况，及时追施有机肥和复合肥，促进营养生长和生殖生长协调。针对根系未死的茄子、辣椒等蔬菜可进行再生栽培，及时剪除地上部枝叶，减少蒸腾，肥水促控，促发新枝。对芋头、冬瓜、南瓜、丝瓜、瓠瓜等蔬菜，可去除基部黄叶和老叶，适当中耕、培土、压蔓，促进根系发育，恢复生长。

3. 抢抓病虫害测报和防治工作

切实加强病虫害的预测预报，准确把握病虫害发生发展动态，加大综合防治力度，降低病虫危害，减少损失。洪涝过后田间温度高、湿度大，植株抵抗力弱，易引发病虫害，应及时喷药保护与防治，药剂可用多菌灵＋溴氰菊脂或百菌清＋氯氟氰菊脂等广谱无公害类型，并注意安全间隔期。主要病虫害有：根腐病、枯萎病、霜霉病、疫病、炭疽病、白粉病、烟粉虱、豆野螟、小菜蛾、斜纹夜蛾等，主要防治措施有：及时清沟排渍，疏通"三沟"，降低田间湿度；及时拔除病株（如根腐病、枯萎病、疫病病株等），带出田外深埋；雨住天晴后进行农药防治：根腐病、枯萎病可用甲基硫菌灵 700 倍液灌根防治；霜霉病、疫病可用霜霉威 800 倍液或克露 500 倍液喷雾防治；炭疽病、白粉病可选用恶醚唑 1500 倍液或甲基硫菌灵 700 倍液或醚菌酯 1500 倍液喷雾防治；烟粉虱可选用 4% 阿维啶虫脒或联苯菊酯 2000 倍液或 0.3 苦参碱 1000 ～ 1500 倍液喷施；豆野螟、小菜蛾、甜菜夜蛾、斜纹夜蛾可选用多杀霉素 1500 倍液或啶虫隆 1500 倍液或 1% 甲维盐 2500 倍液喷雾防治。

4. 抢抓及时补种改种

对部分出现死苗、缺苗的田块，积极指导农民做好速生蔬菜的补种、改种工作。同时，切实采取避雨措施，组织甘蓝、花菜等秋播蔬菜的育苗工作。对腾空的地面要突击抢播快生菜：大白菜 5 号秧、小白菜、夏大白菜、生菜、广东菜心、叶用薯尖、蕹菜、苋菜、芹菜、莴苣、香菜、菠菜等。对花菜、大白菜、莴苣、甘蓝、芹菜等蔬菜，可利用大中棚设施或搭平顶棚进行育苗，盖遮阳网或草帘遮阴降温，同时防止大雨、暴雨冲刷。

5. 抢收在园蔬菜

及时抢收成熟的蔬菜，加大对市场的有效供应，力求降低因灾损失，增加收入。

（二）干旱的防灾抗灾技术

干旱常伴随高温而出现，它给蔬菜生产造成严重影响，高温干旱不仅影响蔬菜的正常发芽出苗及苗期正常生长，幼苗期土壤水分不足会使苗龄过长形成老化苗；而且影响蔬菜的正常生长，营养生长盛期和产量形成期需水量最大，水分不足会生长不良，严重影响产量，会造成叶小、色暗、落花、落果等。针对高温干旱，特提出如下"十二要"对策。

1. 要广辟水源

各地要组织协调配合水务部门，采取抽塘水、拦河水、提湖水、取井水、蓄雨水等多种有效途径，广辟各种水源，确保设施蔬菜育苗和生长所需水分。充分利用现有设施积极推广节水灌溉，采取科学抗旱，把有限的水源用到蔬菜最需要水分的时期，防止蔬菜因缺水而提前罢园。

2. 要选择耐高温耐干旱的蔬菜品种

在茬口布局上，宜选择抗热性较好的小白菜、苋菜、旱芹菜、油麦菜、薯尖、田七等叶菜品种，也可播种些抗热萝卜，适时培育花菜、早熟大白菜、番茄、辣椒等幼苗。对死苗缺苗严重的田块，要借抗灾抓好调整，发展节水避灾农业，重点是做好水改旱，对水源条件差、无法种植水生作物的田块，实行水改旱，改种毛豆、绿豆等耐旱作物。充分利用丝瓜、苦瓜的棚架下遮阴且蒸发量小的天然条件，在棚架下抢有利时机播种或种植苋菜、芹菜、叶用薯尖、小白菜、大白菜秧、生菜、辣椒等耐阴蔬菜。可抓住有利时机推广高效模式如春苋菜—夏苦瓜—冬莴苣，春茄子—秋黄瓜—冬莴苣等，并准确分析蔬菜市场信息，抓住时机调整蔬菜品种结构，少种或不种大路菜品种，多种精细菜品种，从调整品种结构的源头上彻底解决卖菜难和蔬菜价格低廉问题。

3. 要实行微滴微喷等灌溉方式

蔬菜微滴微喷技术是一项先进高效的灌溉技术。夏秋高温干旱季节，在蔬菜生产上应用微滴微喷技术，能有效减轻高温干旱对蔬菜生产的影响，抗灾保菜；能省工、省力、节水、减轻劳动强度；还能增湿、降温，改善田间小气候，调节土壤水、肥、气、热状况，促进蔬菜生长，使夏秋高温干旱季节叶菜的商品性得到较大改善。

4. 要科学灌溉

当植株叶色暗绿、轻萎时表明缺水，需要灌溉。如植株萎蔫到傍晚仍未恢复，则表示土壤严重缺水，急需灌溉。沟灌水位以低于畦面 5～6 厘米为宜，以防土壤水分过多而导致缺氧，忌漫灌、淹灌。应在温度不高而较稳定的傍晚或午夜进行灌溉，次晨排水，防止土壤渍水。如中午高温时降阵雨，为防止热水烫根，雨后要立即浇水降温。干旱时由于水流动和交换减少，一些土传病害受到抑制。对幼苗期蔬菜应排水勤灌。黄瓜、豆角、番茄、茄子等作物采用沟灌方法，冬瓜、丝瓜、南瓜、丝瓜、苦瓜等应隔瓜蔸 50～60 厘米处挖穴浅灌。为防止灌水后脱肥，要补施适量肥料，结合灌溉一并进行。

5. 要使用化学抗旱节水剂－FA（旱地龙）

在高温干旱季节使用化学抗旱节水剂－FA（旱地龙），使用方法有喷施和拌种、浸种两种。喷到作物叶面上，能够抑制叶片上孔开张度，减少植株的水分沿小孔向上蒸发，并促进根系下扎，吸收深层土壤水分和养分，起到抗旱作用；用于拌种、浸种时，可提高种子发芽率和出苗率，并促使根系发达，提高作物的抗旱能力。浸、拌后的种子应在 24 小时内播完。喷施最好选在旱季晚上无风时，如果喷后 4 小时遇到雨淋需重喷，用药量要按产品说明书严格掌握用量，不可太低或过高。喷施 FA 后，有灌溉条件时，应进行正常的灌溉。

6. 要增施有机肥和叶面肥

增施有机肥提高土壤肥力，以增强土壤保墒力。指导农民对高效鲜嫩蔬菜进行叶面喷水或喷施磷酸二氢钾等叶面肥，提高蔬菜耐旱能力。

7. 要及时中耕除草

及时清除田间杂草减少耗水，及时进行中耕确保土壤墒情，最大限度地降低土壤水分损耗。

8. 要防止落花落果

对番茄、茄子等蔬菜开花期应用 20 毫克/千克的 2，4-D 涂抹刚开放的花萼或花柄，花只抹 1 次或用 20～30 毫克/千克番茄灵涂花或在花序有半数开放时向花上喷洒，可有效地防止落花落果现象。

9. 要利用遮阳网覆盖技术

遮阳网覆盖栽培是一项有效的抗旱降温措施，一般 9 时至 16 时应用。既可遮强光、降高温，也能有效减少水分蒸发，增加土壤湿度，保墒防旱，此外还可以防暴雨抗雹灾。指导农民加大遮阳网推广利用力度，越是旱情最严重、干旱持续时间最长的时候，遮阳网覆盖作用的效果越显著，充分利用遮阳网覆盖育苗和栽培，能显著减少土壤水分蒸发，提高幼苗成活率、促进蔬菜健壮生长。夏季生产快生菜用平棚覆盖遮阳网效果好，其降温好，透光均匀，便于通风。尽可能采用双层覆盖，其降温保湿效果较单层明显，对一些要求光照不严不耐高温的蔬菜如芹菜，早期可采用双层覆盖。播种时，在出苗前可浮面覆盖，但出苗后要及时上架覆盖，且要保证有一定高度，以 1 米以上高度为妥，因过低，降温不明显。不论何种棚型覆盖，都不能封得过严，即使是小弓棚，离地面 0.15 米也不能盖，以便通风。同时要根据天气、作物长势，做到勤揭勤盖，并配以常规技术措施，综合调控，力求增产增收。

10. 要及时防治病虫害

高温干旱的气候条件有利于一些病虫害的发生。目前，特别要注意防范烟粉虱、豆野螟、小菜蛾、斜纹夜蛾、甜菜夜蛾、蓟马、白粉病、煤霉病、炭疽病等病虫害。要注意应用绿色防控技术进行防治，确保蔬菜产品质量安全。切实加强病虫害的预测预报，准确把握病虫害发生发展动态，加大防治力度，降低病虫危害，减少损失。针对高温干旱时虫害防治用药量大，用药次数勤，虫害难防的特点，要确保无公害蔬菜的生产。必须贯彻"公共植保　绿色植保"理念，应用绿色防控措施防治蔬菜病虫害。确保不因虫害严重而出现乱用药的现象发生，确保上市的蔬菜全部达到安全、健康、营养。一是农业防治：合理轮作；深翻土壤，清除杂草、清洁田园；深沟高畦；地膜覆盖；渗灌、滴灌、暗灌；疏果整枝等措施调节农田生态环境控制病虫害。二是生物防治：利用生物导弹（赤眼蜂）防治小菜蛾、斜纹夜蛾、甜菜夜蛾、豆野螟、瓜野螟等害虫，应用性诱剂防治斜纹夜蛾、甜菜夜蛾等害虫。三是物理防治：利用杀虫灯诱杀害虫；大棚内应用黄色黏虫板诱杀烟粉虱、美洲斑潜蝇、蚜虫等害虫；人工捕捉斜纹夜蛾、甜菜夜蛾等害虫。四是化学调控：遵循农药选用原则；遵循农药安全使用的准则，严格安全间隔期；按农药说明书的规定使用；严格按照农药操作规程操作。科学使用农药，对症下药；适时施药（防病治虫）；适量施药；采用低容量喷雾技术；轮换施用农药；合理混用农药。应用高效低毒低残留农药防治病虫害。防治烟粉虱可选用4%阿维啶虫脒2500倍液或螺虫乙酯2000～3000倍液或2.5%联苯菊酯800倍液喷雾；防治小菜蛾、豆野螟、斜纹夜蛾和甜菜夜蛾可选用2.5%多杀霉素悬浮剂1500倍液或15%茚虫威3750倍液或1%甲维盐2500倍液喷雾；防治蓟马可选用5%氟啶脲1500倍液或10%溴虫腈1500倍液喷雾；防治白粉病、煤霉病、炭疽病可选用70%甲基硫菌灵700倍液或30%醚菌酯1500倍液或10%苯醚甲环唑1500倍液喷雾。

11. 要及时抢种补种

对高温干旱期间已造成了损失的，应及时抢播小白菜、白菜秧、生菜、萝卜、苋菜、蕹菜、落葵、油麦菜、菠菜、广东菜心、芥蓝、田七、毛豆、豇豆、早大白菜等快生菜。用营养钵进行黄瓜、豇豆、茄子、辣椒、瓠瓜、苦瓜育苗。

12. 要采用地膜覆盖栽培

能用地膜覆盖栽培的蔬菜全部进行地膜覆盖，最大限度减少土壤水分蒸发，减少浇水次数。

（三）低温冻害的防灾抗灾技术

低温灾害，是中国农业生产中主要的自然灾害之一。根据受害温度的特点可分为冷害、寒害、冻害、霜冻害 4 大类型。

蔬菜的低温障害，是指由低温引起的一类常见的生理病害。一种是指当温度低于零度以下时，蔬菜因低温灾害引起的细胞间水分结冰，使细胞破裂、死亡引起的伤害，常称为冻害。一种是温度尚未达到冰点，而蔬菜的生理机能受阻而引起的异常表现，称为冷害。常见的低温障害按症状分为萎蔫、叶枯、黄化、花打顶等类型。

冬季天气寒冷，如果蔬菜栽培管理不精细易使蔬菜发生冻害，为了确保冬季蔬菜免遭冻害，特总结归纳冬季蔬菜安全防冻"十法"。

1. 覆盖法

在霜冻来临前的下午，用秸秆、稻草、薄膜、遮阳网等覆盖在菜畦、蔬菜和大棚上，可减轻风寒机械损伤，每亩用稻草 100 千克，要稀疏散放，切不可将蔬菜全部盖住，以防止影响光合作用；在芹菜、白菜等蔬菜上用遮阳网浮面覆盖能有效防止霜冻；在紫菜薹等蔬菜上用薄膜浮面覆盖能有效防止低温冻死或冰伤，并能促进生长，明显增加质量和产量；在大棚覆盖的基础上棚内再用小拱棚加层覆盖。

2. 冬灌法

霜冻来临前灌水，在寒流过后可使气温上升 2℃～3℃。

3. 培土法

冻前结合中耕，用碎土培壅根，可使土壤疏松，提高土温，又可直接保护根部，但中耕培土须在土壤封冻前进行，深度以 7～10 厘米为宜。

4. 开沟沥水法

开好厢沟、腰沟、围沟，保证沟、渠、田畅通，沟内干燥，以便及时排除冻水。

5. 撒灰法

一是在低温冻害来临前在蔬菜上撒一薄层草木灰。二是在行间撒草木灰，可以防止冻害。

6. 施有机肥和喷施营养液

霜冻前用猪牛粪或土杂肥等保温农家肥，圈培在菜棵根茎处，可提高土温 2℃～3℃，施肥宜在晴天进行，每亩 1000～1500 千克。同时喷施"云大 120"芸薹素、绿芬威、爱多收等植物营养液，以提高植株的抗寒能力。

7. 熏烟法

用杂草、秸秆、枯枝、落叶等堆放在蔬菜田四周，霜冻来临前在风头的边角点熏烟，能驱散寒流。但要防止灼伤蔬菜。

8. 控氮法

苗期适当减少氮肥用量，切不可偏施氮肥，以免降低植株抗寒力。追肥要早，以促使蔬菜幼苗生长健壮。低温来临前，不要施用速效氮肥，宜追施 1～2 次磷钾肥，以增强蔬菜的抗寒能力。

9. 风障法

在有条件的地方在菜畦北面用秸秆等做成 1.0～1.5 米高的防风障，每隔 3～4 畦设 1 道防风障，能有效防止冷空气侵入，减轻蔬菜冻害。

10. 浇粪法

每亩泼浇稀薄人畜粪水 400～500 千克，可有效减少土壤冻结，提高蔬菜根系抗寒能力。

（四）高温热害的防灾抗灾技术

当温度高于适宜蔬菜大棚生长发育温度范围的最高温度，即超过蔬菜能够忍受的最高温度时，就会发生热害。即常说的高温障碍。发生热害的主要原因：一是高温改变蔬菜原生质的理化特性，使生物胶体的分散性下降，电解质和非电解质大量外渗，酯类化合物发生异变。二是高温导致细胞结构破坏，使细胞核膨大、松散、崩裂。三是高温能改变蔬菜呼吸强度，使呼吸强度增加，引起植物体内营养物质合成受阻，致使原生质的分解大于合成。四是高温能影响光合作用。

1. 生态防热

采用喜阳与喜阴作物间作搭配，实行与高杆和藤架作物间作，以利用高秆作物茎叶为矮秆蔬菜创造生态遮阴环境。如辣椒的东面和西边，各种植 1 行玉米或相互间作，可大大减少日灼病危害；冬瓜、苦瓜、丝瓜架下栽培生姜、番茄等，以遮光防晒在桑、茶、果园内遮阴处栽种姜、芋作物等。

2. 覆盖防晒

蔬菜播种时，用秸秆、遮阳网等覆盖地面，可降温保湿，利于发芽和幼苗生长。蔬菜生长期对菜地覆草，也有利于土壤的降温保湿。对瓜类和球茎作物，可就地取材将其覆盖，防止烈日直射。蔬菜播种时，用秸秆、遮阳网等覆盖地面，可降温保湿，利于发芽和幼苗生长。西瓜结瓜后，用稻草遮盖起来，可防止日灼和烂瓜；番茄摘心时，在最上一层果之上留叶子二层，能为幼果遮光防晒；甘蓝八成熟、花椰菜结球后，摘取外叶，将其覆在叶球上，可避免日光直晒，提高品质。

3. 浇灌抗热

科学浇灌既能抗旱，又能起到降温、抗高温的作用。实验证明：高温天气早晚灌水能有效地改善田间小气候条件，尽量做到"三凉"

（天凉、水凉、地凉）时灌水，使气温降低 1℃～3℃，从而减轻高温对花器和光合器官的直接损害。如遇"热阵雨"，雨后应及时用井水浇灌降温，以改善菜田土壤空气状况，增强根系活力，防止蔬菜死苗。以水降温应提倡合理浇灌与表土覆盖相结合。

4. 叶面喷肥

在高温季节，叶面喷肥具有"降温、增肥"一举两得的效果。如用磷酸二氢钾溶液、过磷酸钙及草木灰浸出液等连续多次进行叶面喷施，既有利于降温增湿，又能够补充蔬菜生长发育必需的水分及营养，但喷洒时必须适当降低喷洒浓度，增加用水量。对花果期的蔬菜，如辣椒可用 30 毫克/升对氯苯氧乙酸溶液喷花，对高温引起的落花具有一定防治效果；番茄喷洒 2000～3000 毫克/升比久溶液、硫酸锌或硫酸铜溶液等，可提高植株的抗热性，增强抗裂果、抗日灼的能力；用 2，4-D 浸花或涂花，可以防止高温落花和促进子房膨大。

5. 搭棚遮阴

在钢架大棚、竹棚上用遮阳网等覆盖，可使气温下降 3℃～4℃。采用塑料大棚栽培的蔬菜，夏秋季节覆盖遮阳网遮阴，降温效果可达 4℃～6℃，既可降低气温，利于蔬菜生长，又能防止暴雨、冰雹及蚜虫的直接为害。

6. 选用耐高温品种

选用早熟大白菜、耐热萝卜、叶用薯尖、竹叶菜、苋菜、生菜、田七、豇豆、冬瓜、南瓜、苦瓜、丝瓜、黄瓜等耐高温品种。

（五）大风的防灾抗灾技术

1. 白天遇到大风天气会出现鼓膜现象，应立即压紧膜线或放下部分草苫压在大棚的中部。如果压膜线压不牢，也可用竹竿或木杆压膜。

2. 夜间压膜线被风吹开的应及时拉回到原来的位置，在大棚前底脚横盖草苫，再用木杆或石块压牢。

3. 膜被吹破时应及时进行修补，防止越吹越大，防止蔬菜受损。

（六）大雪的防灾抗灾技术

1. 及时清除棚上积雪

用木钉耙不间断清除棚上的积雪，减轻棚上积雪重量，防止大棚被压塌。

2. 在棚内打顶撑

在棚内每隔 10 米左右支撑一个支柱打顶撑，防止积雪把大棚从中间压塌。

3. 修复受损棚膜

将受损棚膜用黏胶黏住，防止大风吹入棚内，造成更大破损和蔬菜受冻。

4. 增温保暖防冻

在棚内用煤炉或灯泡加温，及时融化棚外积雪，防止棚内蔬菜受冻。

5. 清理沟渠及时排水

将棚四周沟渠清理好，让水及时排出，降低地下水位。

6. 适时通风透光

揭帘初期采取揭花帘的办法，防止强光直射使蔬菜失水严重引起急性凋萎。

7. 加强病虫害防治

采取烟熏剂和粉尘剂等方法有效防治病虫害，这个时候慎用水剂。

8. 改种或补种

受害较严重的蔬菜，可采用补栽或改种其他蔬菜种类的方法。

9.破膜保棚架

在下暴雪时或晚上下雪无法清除积雪时或人力不够时，为了防止大雪把大棚骨架压垮，可用刀片将薄膜和防虫网撤除或划破。